图0.1 最后的回眸(图片来自网络)

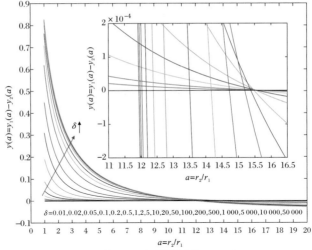

图2.11　$y(a)$的函数曲线$(b>a>1)$

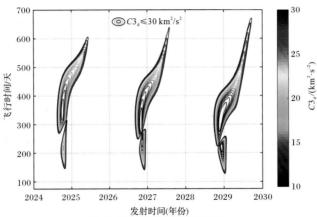

图3.8　地火发射能量$C3_d$等高线图

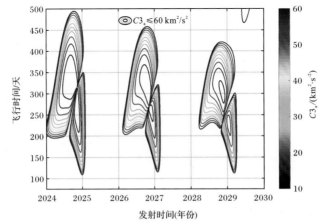

图3.9　地火发射到达能量$C3_a$等高线图

深空探测基础

董刚奇　　王志刚　　编著

西北工业大学出版社

西安

【内容简介】 本书从深空探测任务角度出发,全面介绍了深空探测飞行段以及行星进入返回等任务段的相关基础理论知识,同时融入航天精神和爱国主义教育等思政内容。本书主要内容包括二体问题、轨道机动、行星际轨道、地月系统、行星进入和深空探测器等。

本书主要面向普通高等学校航空航天类专业本科生,并为从事航空航天类相关行业的专业技术人员提供理论依据和设计参考。

图书在版编目(CIP)数据

深空探测基础 / 董刚奇,王志刚编著.—西安 :
西北工业大学出版社,2023.7
ISBN 978 - 7 - 5612 - 8878 - 8

Ⅰ.①深… Ⅱ.①董… ②王… Ⅲ.①空间探测
Ⅳ.①V1

中国国家版本馆 CIP 数据核字(2023)第 141894 号

SHENKONG TANCE JICHU

深 空 探 测 基 础

董刚奇 王志刚 编著

责任编辑:华一瑾 刘 茜	策划编辑:刘 茜
责任校对:李阿盟	装帧设计:李 飞

出版发行:西北工业大学出版社
通信地址:西安市友谊西路 127 号　　邮编:710072
电　　话:(029)88493844　88491757
网　　址:www.nwpup.com
印 刷 者:兴平市博闻印务有限公司
开　　本:720 mm×1 020 mm　　1/16
印　　张:8.125　　　　　　　　彩插:1
字　　数:142 千字
版　　次:2023 年 7 月第 1 版　　2023 年 7 月第 1 次印刷
书　　号:ISBN 978 - 7 - 5612 - 8878 - 8
定　　价:52.00 元

前　言

本书作为深空探测相关课程教材，主要面向普通高等学校航空航天类专业本科生，旨在全面介绍深空探测任务关键步骤的理论基础，并为从事相关行业的专业技术人员提供理论依据和设计参考。本书涉及大量理论分析和公式推导，读者应具备相应的数学和物理学基础。本书将公式推导过程中使用到的数学基础知识如三角函数关系等，以性质的形式在推导过程中就近列出，将所得的推导结果、结论、定义、定理、推论等以醒目形式列出，并辅以注解、讨论，期望达到方便读者阅读的目的。为了使读者容易理解，本书尽可能地保留了公式推导的步骤和细节，有基础的读者可忽略公式多步推导的中间环节。由于变量参数繁多，全书不同程度上重复使用了部分字母符号，相关符号亦在重复使用之前进行了明确说明，并在每个小节尽量保持一致，以期不会引起读者的混淆。

在编写本书过程中，笔者参考了大量文献资料，其中不乏来自网络的极具参考价值的未署名文章、笔记、总结、演示文稿等，另对于重复性内容仅列举了部分代表性参考文献。在此笔者向这些作者一并表示感谢；同时，也感谢家人的理解与支持。

由于笔者水平有限，书中难免有错漏之处，敬请读者批评指正。

有任何意见和建议，请发送电子邮件至 dong@nwpu.edu.cn。

编著者

2023 年 5 月

目　录

引　言

你身体里的每一个原子都来自一颗爆炸了的恒星,你左手的原子与右手的原子也许来自不同的恒星。

——Lawrence M. Krauss

在生命起源和宇宙起源探索的双重驱使下,人类无数次凝望神秘深邃的星空。正如美国理论物理学家劳伦斯·克劳斯(Lawrence M. Krauss)在其编著的科幻书籍《一颗原子的时空之旅》中提到的,人人都是星辰之子,水、空气、人类以及地球上一草一木的每颗原子都曾在恒星爆炸的炽热炼狱里浴火重生。

图 0.1 所示为最后的回眸,是旅行者 1 号在 6.4×10^9 km 处最后一次回眸地球。地球上的一切都来自宇宙,而相比浩瀚的宇宙,地球宛如沧海一粟。

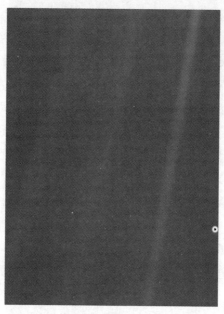

图 0.1　最后的回眸(图片来自网络)

　　远古时代，人们对于太空的探索主要以观测为主。公元 2 世纪，克罗狄斯·托勒密(Claudius Ptolemy)完善了地心学说，该学说体系随后被西欧教会奉为真理。由于教皇和教会在西欧具有至高无上的权利，之后的 1 300 多年，地心学说主导了人类对宇宙的认知。直到 16 世纪上半叶，波兰科学家尼古拉斯·哥白尼(Nicolaus Copernicus)提出不同的观点。哥白尼认为，地球与所有其他行星均围绕太阳转动。该观点直至 1543 年哥白尼去世才在他的主要著作《天体运行论》(*De Revolutionibus Orbium Coelestium*)中被明确提出。但由于与教会奉为真理的地心说相违背，传播哥白尼的日心说理论将被视为异教徒。日心说理论发表半个世纪后，意大利科学家乔尔丹诺·布鲁诺(Giordano Bruno)由于未能有策略地传播哥白尼理论，1600 年被当作异教徒绑在罗马鲜花广场的火刑柱上烧死，直至 1992 年罗马教皇才宣布为其平反。后来意大利天文学家伽利略·伽利雷(Galileo Galilei)用改造了的望远镜来观测天体，他的观测证实了哥白尼的日心说。由于举起了日心说的旗帜，伽利略被当作异端邪说传播者并被终身软禁，当时教会的高压统治由此可见一斑。

　　为了避免与有争议的日心说理论产生直接联系，丹麦天文学家第谷·布拉赫(Tycho Brahe)几乎终其一生(1546－1602 年)都在对行星和恒星的运动进行观测。值得一提的是，当时望远镜还未被发明，第谷单纯依靠肉眼进行天文观测所获得的观测数据精确度比当时的数据有惊人的提高。约翰尼斯·开普勒(Johannes Kepler)于 1571 年出生在德国，他在图宾根大学读书期间接触到日心说理论，他的关于天体运动的著作引起了第谷·布拉赫的注意。1599 年，开普勒前往布拉格为第谷工作，仅仅两年后第谷去世，开普勒留在了布拉格。在第谷高精确度天文观测数据的基础上，开普勒经过多年思考和研究，于 1609 年和 1618 年分别发表了开普勒第一定律、第二定律和第三定律，为太空探测留下了跨越几个世纪的宝贵遗产。对太空的观测属于天文学范畴，根据天文学观测总结归纳出的基本原理为太空探测提供了重要参考依据。

　　艾萨克·牛顿(Isaac Newton)于 1643 年出生在英国林肯郡，他经过多年潜心研究，于 1687 年发表了著名的《自然哲学的数学原理》(*Mathematical Principles of Natural Philosophy*)。该书完整阐述了万有引力定律以及牛顿三大定律，为开普勒三大定律提供了理论依据，也为太空探测奠定了理论基础。

　　随着近代科学技术的发展与进步，1957 年苏联在拜科努尔发射场成功发射了斯普特尼克 1 号(Sputnik 1)人造地球卫星，这标志着人类太空探测的开始;此后仅仅 12 年,人类登上了月球;又过了 7 年,无人探测器到达了金星和火星表面。迄今人类先后发射了 100 多个行星探测器,其身影遍及太阳系。

理论上,天体的引力范围无穷大,但由于引力与距离的二次方成反比,一般认为天体的引力影响范围为其希尔球(又称洛希球),即能够束缚环绕该天体运动的卫星而不会被其他天体的引力控制或飞入星际空间的空间区域。

根据计算,太阳的引力影响范围(太阳希尔球半径)为 1 光年～3 光年。因此,以目前的科学技术水平,人造深空探测器要飞出太阳引力影响范围需要成千上万年。而地球的引力影响范围约为 9.25×10^5 km,这远大于地球的半径 6.378×10^3 km,但远小于行星轨道之间的距离。如地球与金星轨道间的平均距离约为 4.19×10^7 km,地球与火星轨道间平均距离约为 7.77×10^7 km。

深空探测是指对地球引力场以外空间的探测,而人们通常把地球以外的空间统称为太空,因此在理论上太空探测比深空探测的范围更广。众所周知,月球是地球的一颗卫星,地月平均距离约为 3.84×10^5 km,因此严格来讲,月球探测并不属于深空探测范畴。而根据国务院新闻办公室于 2000 年发布的《中国的航天》白皮书中的定义,我国目前将对地球以外的天体开展的空间探测活动都称为深空探测,因此本书关注的月球探测以及地球引力影响范围以外的探测都称为深空探测。本书主要研究深空探测的相关理论和技术。

深空探测任务一般可分为发射阶段、飞行阶段和进入阶段等三个阶段。对于载人探测任务以及返回式探测任务,则还包括返回及再入阶段。本书共分为 6 章,主要介绍深空探测任务飞行阶段和进入阶段的关键环节所涉及的理论知识。

第 1 章主要介绍二体轨道方程以及开普勒三大定律的理论推导及分析;第 2 章主要分析能量方程以及基于能量方程的轨道机动,包括轨道平面变化、面内轨道转移以及兰伯特(Lambert)转移;第 3 章重点介绍行星际轨道转移的圆锥曲线拼接法、引力辅助机理的分析推导以及深空探测任务发射窗口相关的行星相合周期、Pork-Chop 图法;第 4 章结合月球探测,主要分析地月系统中的限制性三体问题;第 5 章重点介绍行星进入方式和行星进入时最关心的两大技术问题,即最大过载和气动加热,推导大气进入的基本运动方程,分析弹道式进入的最大过载和气动加热等问题;第 6 章将迄今为止实施的部分典型深空探测任务进行简单梳理和介绍。

第1章 二体问题

1.1 数 学 基 础

函数 $r=f(t)$ 是自变量 t 与因变量 r 之间的映射关系,根据高等数学的定义,r 相对 t 的导数可以表示为 dr/dt。若 r 代表距离,t 代表时间,则 dr/dt 就是距离相对时间的变化率,即速度。为了表示简洁,引入自变量为时间的导数点记法 $dr/dt \stackrel{\text{def}}{=\!=\!=} \dot{r}$,从而 r 相对 t 的二阶导数可表示为

$$\frac{d(dr/dt)}{dt} \stackrel{\text{def}}{=\!=\!=} \frac{d^2 r}{dt^2} \stackrel{\text{def}}{=\!=\!=} \ddot{r}$$

对于函数 $u=g(\theta)$,当自变量不为时间时,u 相对 θ 的一阶导数和二阶导数可简洁地表示为

$$\frac{du}{d\theta} = u', \qquad \frac{d^2 u}{d\theta^2} = u''$$

以上讨论的是一元函数导数的记法。

类似地,对于自变量为 n 维的多元函数 $y=h(x_1, x_2, \cdots, x_n)$,$y$ 相对于各个自变量的一阶和二阶偏导数可分别记为 $\partial y/\partial x_i$ 和 $\partial^2 y/\partial x_i^2 (i=1,2,\cdots,n)$。

定义 1.1 微分方程

通常把包含自变量、未知函数及其导数的关系式称为微分方程。按照未知函数是一元函数还是多元函数,微分方程可分为常微分方程和偏微分方程。微分方程中出现的未知函数导数的最高阶称为微分方程的阶数。如果一个微分方程中仅含有未知函数及其各阶导数作为整体的一次幂,则称它为线性微分方程,否则称它为非线性微分方程;如果方程中变量的系数均为常数,则称之为常系数微分方程。例如

$$\ddot{r} + r\dot{r} - 2t^3 = 2 \qquad\qquad (1.1)$$

其中,$r=f(t)$ 为一元未知函数,则式(1.1)就是一个非线性二阶常微分方程。

解微分方程就是找到满足 $r=f(t)$ 的函数关系。假设 $r=t^2$，则 $\dot{r}=2t$，$\ddot{r}=2$，代入式(1.1)，等式成立，由此可见，$r=t^2$ 是二阶常微分方程式(1.1)的解。在物理和工程应用中，建立系统的微分方程是分析系统特性的常用做法。解微分方程有多种方法，采用拉普拉斯(Laplace)变换是常用的方法之一，这里对拉普拉斯变换只做简单介绍。拉普拉斯变换是工程数学中常用的一种线性积分变换，它可将一个实数参数的函数转换为一个复数参数的函数。

定义 1.2 拉普拉斯变换

对于 $x \geqslant 0$ 的连续函数 $f(x)$，其拉普拉斯变换的积分为

$$\mathcal{L}[f(x)] = F(s) = \int_0^\infty f(x)\mathrm{e}^{-sx}\,\mathrm{d}x \tag{1.2}$$

性质 1.1

拉普拉斯变换的微分性质：

$$\mathcal{L}[f'(x)] = sF(s) - f(0) \tag{1.3}$$

$$\mathcal{L}[f''(x)] = s^2 F(s) - sf(0) - f'(0) \tag{1.4}$$

利用拉普拉斯变换求解微分方程的基本步骤：①对微分方程进行拉普拉斯变换；②将所得方程进行整理化简得到未知函数的 s 域表达式；③把表达式右边的部分进行因式分解等数学变换；④变换为可以应用拉普拉斯反变换公式的形式后，就可以获得未知函数的表达式。常用的拉普拉斯变换及反变换公式请参阅《复变函数与积分变换》的有关教材。下面我们考虑一个简单的例子。

【例 1.1】 质量为 m 的物体做自由落体运动，x 为物体到地面的垂直距离，如图 1.1 所示，求该物体的运动方程。

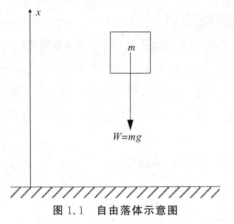

图 1.1 自由落体示意图

解 假设空气阻力可以忽略不计,物体受到的唯一的力是重力 $W=mg$,由于设 x 正方向向上,而重力方向向下,所以物体所受合力为

$$F=-W=-mg \tag{1.5}$$

根据牛顿第二定律以及导数的定义,有

$$F=ma=m\frac{\mathrm{d}^2 x}{\mathrm{d}t^2}=m\ddot{x} \tag{1.6}$$

把式(1.5)代入式(1.6),得

$$-mg=m\ddot{x} \tag{1.7}$$

化简整理得

$$\ddot{x}=-g \tag{1.8}$$

式(1.8)是自由落体的运动方程,显然这是一个二阶常系数常微分方程,解这个微分方程可求出 $x=f(t)$,即自由落体运动中物体与地面的垂直距离 x 随时间 t 的变化规律。

1.2 拉格朗日方程

牛顿力学是从力的角度来描述系统的动力学规律,对于多自由度多刚体系统,系统约束越多,需要求解的方程也就越多,从而增加了分析问题的难度。拉格朗日(Lagrange)方程是由动力学普遍方程导出的,它从能量的角度来描述系统的动力学规律。与牛顿力学利用矢量分析相比,能量是标量,通过选取适当的广义坐标,可以使问题得以大大简化。拉格朗日方程是分析力学中的重要方程,其地位相当于牛顿力学中的牛顿第二定律。

定理 1.1 拉格朗日方程

假设系统由 p 个质点组成,并且受 k 个理想完整约束,由此可知系统的自由度为 $n=3p-k$。首先定义相互独立的广义坐标为 $q_1,q_2,\cdots,q_n$,广义坐标对应的广义力为 $Q_1,Q_2,\cdots,Q_n$;然后根据广义坐标及广义速度(广义坐标的时间导数)表示出系统的动能 K 和势能 P,定义拉格朗日函数

$$L=K-P \tag{1.9}$$

则拉格朗日方程的一般形式可表示为

$$\frac{\mathrm{d}}{\mathrm{d}t}\left(\frac{\partial L}{\partial \dot{q}_i}\right)-\frac{\partial L}{\partial q_i}=Q_i, \quad i=1,2,\cdots,n \tag{1.10}$$

这里特别指出一类特殊的系统,其动能 K 和势能 P 的和为常数,即机械能始终守恒,把这类系统称为保守系统,把不会改变系统机械能的力称为保守力。重力、万有引力、弹性力、静电学中的引力和斥力等都是保守力,保守力所做的功只与质点的起点和终点位置有关,而与质点运动的路径无关。

引理 1.1　保守系统 Lagrange 方程

> 对于保守系统,拉格朗日方程可以简化为
>
> $$\frac{\mathrm{d}}{\mathrm{d}t}\left(\frac{\partial L}{\partial \dot{q}_i}\right) - \frac{\partial L}{\partial q_i} = 0 \tag{1.11}$$

拉格朗日方程的推导证明在大学物理、理论力学等课程中有详尽介绍,这里不再赘述。利用拉格朗日方程,重新考虑例 1.1 自由落体的问题。由于物体仅受重力作用,所以系统的机械能守恒。选取 x 为系统广义坐标,则系统的动能、势能以及拉格朗日函数可以分别表示为

$$K = \frac{1}{2}m\dot{x}^2 \tag{1.12}$$

$$P = mgx \tag{1.13}$$

$$L = K - P = \frac{1}{2}m\dot{x}^2 - mgx \tag{1.14}$$

根据保守系统的拉格朗日方程式(1.11)及系统的拉格朗日函数式(1.14),有

$$\frac{\partial L}{\partial \dot{x}} = m\dot{x} \tag{1.15}$$

$$\frac{\partial L}{\partial x} = -mg \tag{1.16}$$

从而有

$$\frac{\mathrm{d}}{\mathrm{d}t}\left(\frac{\partial L}{\partial \dot{q}_i}\right) - \frac{\partial L}{\partial q_i} = \frac{\mathrm{d}}{\mathrm{d}t}(m\dot{x}) - (-mg) = 0 \tag{1.17}$$

由于物体的质量 m 为常数,计算、化简、整理式(1.17),得

$$\ddot{x} + g = 0 \tag{1.18}$$

对比式(1.8)和式(1.18)可见,通过牛顿力学和拉格朗日方程分析所得的系统动力学方程是一致的。虽然在例 1.1 中使用拉格朗日方程比牛顿力学分析系统动力学特性稍微复杂一点,但在多体系统以及航天器飞行动力学轨道分析中,利用拉格朗日方程的方法是最简便的方法之一。

1.3 二体轨道方程

深空探测的发射阶段主要由火箭助推器完成。火箭助推发动机等内容属于航天飞行动力学范畴,本书重点关注深空飞行器的轨道分析,因此仅以火箭助推器燃料耗尽点的条件作为初始条件。

假设质量为 m 的飞行器从质量为 M、半径为 r_M 的星体表面发射,相对于星体的尺寸,飞行器可视为质点。当火箭助推器燃料耗尽时,飞行器相对于发射星体的高度为 r_h,速度为 V_0,速度方向与飞行器和星体质心连线的垂线之间的夹角称为速度倾角或飞行倾角,记为 β。此时若忽略空间摄动,飞行器可视为仅在万有引力的影响下运动,因此把这类问题称为二体问题,如图 1.2 所示。在耗尽点条件确定后,接下来采用 1.2 节介绍的拉格朗日方程来分析飞行器在星体引力场中的运动。

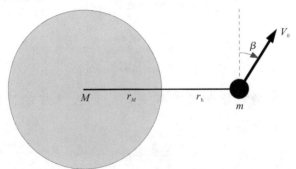

图 1.2　二体问题示意图

第一步,建立广义坐标系。由于飞行器仅受万有引力作用,飞行器将在速度矢量和万有引力矢量确定的平面内运动。据此选取广义坐标系为该平面内的极坐标系,星体质心定义为坐标系原点,从原点指向耗尽点的射线定义为极轴。由此广义坐标定义为从坐标系原点指向飞行器质心的极径 r 以及该极径与极轴间的夹角 θ,如图 1.3 所示,虚线圆表示飞行器的耗尽点。

第二步,用广义坐标 r,θ 以及广义速度 $\dot{r},\dot{\theta}$ 来表示飞行器的动能。如图 1.3 所示,把飞行器的速度向极径和极角两个方向进行分解,分别定义为 $V_r = dr/dt = \dot{r}$ 和 $V_\theta = r(d\theta/dt) = r\dot{\theta}$,根据矢量的性质,有

$$V^2 = V_r^2 + V_\theta^2 = \dot{r}^2 + (r\dot{\theta})^2 \tag{1.19}$$

由于飞行器被视为质点,根据式(1.19),其动能为

$$K = \frac{1}{2}mV^2 = \frac{1}{2}m[\dot{r}^2 + (r\dot{\theta})^2] \tag{1.20}$$

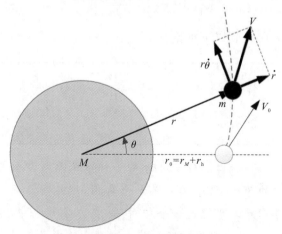

图 1.3　广义坐标系

第三步,计算飞行器的势能。势能是一个相对的量,总是基于一个势能参考零点而言的,例如重力势能就是以海平面为势能参考零点。势能按作用性质的不同,可分为引力势能、弹性势能、电势能和核势能等。在二体问题中,飞行器的势能一般仅考虑引力势能。17 世纪末,牛顿发现了万有引力,其定义如下。

定义 1.3　万有引力

　　两个物体之间的引力与它们质心之间距离的二次方成反比,用 G 表示万有引力常数,则

$$F = \frac{GmM}{r^2} \tag{1.21}$$

定义 1.4　引力势能

　　在航天领域,通常假设无穷远处为势能参考零点,因此将距离为 r 处的势能定义为把质量为 m 的物体从无穷远处移动到位置 r 万有引力所做的功。

　　根据引力势能的定义,如果两个物体之间的距离 r 改变 $\mathrm{d}r$,则产生这种变化引力所做的功为 $F\mathrm{d}r$。假设这个变化引起势能的变化用 $\mathrm{d}P$ 表示,根据式(1.21)可得

$$\mathrm{d}P = F\mathrm{d}r = \frac{GmM}{r^2}\mathrm{d}r \tag{1.22}$$

对式(1.22)两边求积分,并定义 r 为无穷大时 $P=0$,得

$$\int_0^P \mathrm{d}P = \int_\infty^r \frac{GmM}{r^2} \mathrm{d}r \qquad (1.23)$$

根据式(1.23)可得到以下推论。

推论 1.1

引力场中的飞行器势能为

$$P = -\frac{GmM}{r} \qquad (1.24)$$

 式(1.24)给出了质量为 m 的飞行器在距离为 r、质量为 M 的星体引力场中的势能,这个势能是一个负值,这是由于无穷远处被设定为势能参考零点。势能是一个相对量,在力学系统中,通常关注的是能量的变化量,而这种变化不受势能参考点选取的影响。

定义 1.5 地球引力场常数

在深空探测中,通常定义 $GM \xlongequal{\text{def}} k^2$。地球的万有引力常数为 $G=6.67\times 10^{-11}\ \mathrm{m}^3/(\mathrm{kg\cdot s}^2)$,而地球的质量为 $M=5.98\times 10^{24}\ \mathrm{kg}$,因此若引力场星体为地球,则

$$k^2 = [6.67\times 10^{-11}\ \mathrm{m}^3/(\mathrm{kg\cdot s}^2)]\times 5.98\times 10^{24}\ \mathrm{kg} \approx 3.986\times 10^{14}\ \mathrm{m}^3/\mathrm{s}^2$$

因此式(1.24)可以改写为

$$P = -\frac{mk^2}{r} \qquad (1.26)$$

第四步,计算拉格朗日函数。根据第二步和第三步的结果式(1.20)和式(1.26),利用式(1.9)易得系统的拉格朗日函数为

$$L = K - P = \frac{1}{2}m[\dot{r}^2 + (r\dot\theta)^2] + \frac{mk^2}{r} \qquad (1.27)$$

第五步,应用拉格朗日方程。由于仅受万有引力作用,系统是保守系统,所以应采用拉格朗日方程的简化式(1.11)。根据第一步中的定义,两个广义坐标分别为 $q_1=\theta$ 和 $q_2=r$,因此拉格朗日方程可写为

$$\frac{\mathrm{d}}{\mathrm{d}t}\left(\frac{\partial L}{\partial \dot\theta}\right) - \frac{\partial L}{\partial \theta} = 0 \qquad (1.28)$$

$$\frac{\mathrm{d}}{\mathrm{d}t}\left(\frac{\partial L}{\partial \dot r}\right) - \frac{\partial L}{\partial r} = 0 \qquad (1.29)$$

根据式(1.27)和偏导数的定义可知

$$
\left.\begin{aligned}
\frac{\partial L}{\partial \dot{\theta}} &= mr^2\dot{\theta} \\
\frac{\partial L}{\partial \theta} &= 0
\end{aligned}\right\}
\tag{1.30}
$$

$$
\left.\begin{aligned}
\frac{\partial L}{\partial \dot{r}} &= m\dot{r} \\
\frac{\partial L}{\partial r} &= mr\dot{\theta}^2 - \frac{mk^2}{r^2}
\end{aligned}\right\}
\tag{1.31}
$$

把式(1.30)代入式(1.28),可以得到以下推论。

推论 1.2

当飞行器仅受万有引力作用时,飞行器的角动量为常数,即

$$
\frac{\mathrm{d}}{\mathrm{d}t}(mr^2\dot{\theta}) = 0 \quad \text{或} \quad mr^2\dot{\theta} = \text{const}
\tag{1.32}
$$

式(1.32)为飞行器在广义坐标 $q_1 = \theta$(极角)方向的运动方程。根据物理学知识,线动量 M_L 为质量 m 乘以速度 v,即 $M_L = mv$。类似地,角动量 M_A 则为转动惯量 I 乘以角速度 ω,即 $M_A = I\omega$。在二体问题中,飞行器被视为质量为 m 的质点,其转动惯量为 $I = mr^2$,角速度为 $\omega = \dot{\theta}$。因此得到一个重要的结论,即当飞行器仅受万有引力作用时,飞行器的角动量 $M_A = I\omega = mr^2\dot{\theta}$ 为常数。通常情况下,飞行器的质量 m 也是常数,因此单位质量的角动量也是常数,用 h 表示,得如下定义。

定义 1.6 单位质量角动量

$$
r^2\dot{\theta} \xlongequal{\text{def}} h = \text{单位质量角动量}
\tag{1.33}
$$

把式(1.31)代入式(1.29),得

$$
m\ddot{r} - mr\dot{\theta}^2 + \frac{mk^2}{r^2} = 0
\tag{1.34}
$$

给式(1.34)第二项分子分母同乘以 r^3 并消去 m,得

$$
\ddot{r} - \frac{r^4\dot{\theta}^2}{r^3} + \frac{k^2}{r^2} = 0
\tag{1.35}
$$

根据式(1.33)并注意到式(1.35)第二项分子为 h^2,从而式(1.35)可改写为

$$
\ddot{r} - \frac{h^2}{r^3} + \frac{k^2}{r^2} = 0
\tag{1.36}
$$

式(1.36)为飞行器在广义坐标 $q_2=r$(极径)方向的运动方程。值得一提的是式(1.36)中 h^2 和 k^2 均为常数,因此根据1.1节描述可知,式(1.36)是一个二阶常系数常微分方程,解这个微分方程即可得到 r 以时间为自变量的函数关系,即 $r=f(t)$。

然而,$r=f(t)$ 并不能直观地表示出飞行器轨道,人们更希望从几何的角度用 r 和 θ 表示。因此引入一个新的变量 $u=g(\theta)$,使之满足

$$r=\frac{1}{u} \tag{1.37}$$

从而有

$$h=r^2\dot\theta=\frac{\dot\theta}{u^2}, \quad \dot\theta=hu^2 \tag{1.38}$$

$$\dot r=-\frac{1}{u^2}\frac{\mathrm{d}u}{\mathrm{d}t}=-\frac{1}{u^2}\frac{\mathrm{d}u}{\mathrm{d}\theta}\frac{\mathrm{d}\theta}{\mathrm{d}t}=-\frac{\dot\theta}{u^2}u'=-hu' \tag{1.39}$$

$$\ddot r=\frac{\mathrm{d}}{\mathrm{d}t}(-hu')=-h\frac{\mathrm{d}u'}{\mathrm{d}t}=-h\frac{\mathrm{d}u'}{\mathrm{d}\theta}\frac{\mathrm{d}\theta}{\mathrm{d}t}=-hu''\dot\theta=-h^2u^2u'' \tag{1.40}$$

把式(1.37)和式(1.40)代入式(1.36),得

$$-h^2u^2u''-h^2u^3+k^2u^2=0 \tag{1.41}$$

两边同除以 $-h^2u^2$,并记 $p\xlongequal{\mathrm{def}}h^2/k^2$,得

$$u''+u-1/p=0 \tag{1.42}$$

式(1.42)与式(1.36)等价,解方程式(1.42)可以得到 $u=g(\theta)$,结合式(1.37)就可以得到用 r 和 θ 表示的飞行器轨道方程。这里采用拉普拉斯变换的方法对式(1.42)进行求解。根据式(1.4),对式(1.42)两边进行拉普拉斯变换,得

$$s^2U(s)-su(0)-u'(0)+U(s)-1/(ps)=0 \tag{1.43}$$

整理可得

$$(s^2+1)U(s)=su(0)+u'(0)+1/(ps)=0 \tag{1.44}$$

两边同除以 (s^2+1),然后对等号右边进行因式分解,得

$$
\begin{aligned}
U(s)&=\frac{1}{ps(s^2+1)}+\frac{su(0)+u'(0)}{s^2+1}=\\
&\quad \frac{1}{ps}+\frac{-s/p}{s^2+1}+\frac{su(0)+u'(0)}{s^2+1}=\\
&\quad \frac{1}{ps}+\left(u(0)-\frac{1}{p}\right)\frac{s}{s^2+1}+u'(0)\frac{1}{s^2+1}
\end{aligned}
\tag{1.45}
$$

对式(1.45)两边进行拉普拉斯反变换,得

$$u(\theta) = \frac{1}{p} + \left(u(0) - \frac{1}{p}\right)\cos\theta + u'(0)\sin\theta \tag{1.46}$$

性质 1.2

考虑如下三角函数关系:

$$a\cos\theta + b\sin\theta = \sqrt{a^2 + b^2}\left(\frac{a}{\sqrt{a^2 + b^2}}\cos\theta + \frac{b}{\sqrt{a^2 + b^2}}\sin\theta\right) =$$
$$\sqrt{a^2 + b^2}\cos(\theta - \varphi) \tag{1.47}$$

式中:$\varphi = \arctan\dfrac{b}{a}$。

利用式(1.47)进一步改写式(1.46),可得

$$u(\theta) = \frac{1}{p} + A\cos(\theta - \varphi) \tag{1.48}$$

式中:$A = \sqrt{(u(0) - 1/p)^2 + (u'(0))^2}$;$\varphi = \arctan\dfrac{u'(0)}{u(0) - \dfrac{1}{p}}$。

结合式(1.37)和式(1.48),并定义 $e = Ap$,最终得到用 r 和 θ 表示的二体轨道方程。

推论 1.3

极坐标下的二体轨道方程为

$$r = \frac{p}{1 + e\cos(\theta - \varphi)} \tag{1.49}$$

在二体轨道方程推导中涉及的 e、p、A、φ 均为常数,这些常数由火箭助推器耗尽点的条件确定。因此,在二体问题中耗尽点条件完全限定了飞行器的轨道。

1.4 二体轨道分析

根据解析几何知识可知,式(1.49)是圆锥曲线在极坐标系下的标准形式,式中 e 为圆锥曲线的偏心率,它的值影响圆锥曲线的形状,如图 1.4 所示。

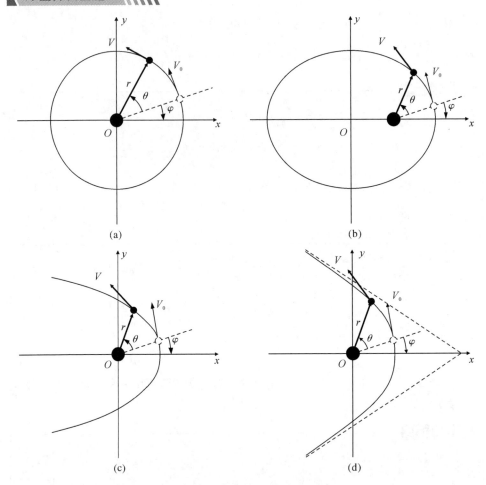

图 1.4　二体圆锥曲线轨道示意图

(a)$e=0$;(b)$0<e<1$;(c)$e=1$;(d)$e>1$

　　具体来说,当 $e=0$ 时,式(1.49)对应圆;当 $0<e<1$ 时,式(1.49)对应椭圆;当 $e=1$ 时,式(1.49)对应抛物线;当 $e>1$ 时,式(1.49)对应双曲线。圆和椭圆为封闭曲线,具有这类轨道的飞行器将沿该封闭曲线周期性运动,因此把圆轨道和椭圆轨道称为环绕轨道;而抛物线与双曲线为开放曲线,具有这类轨道的飞行器将一去不复返,因此抛物线轨道和双曲线轨道通常也被称为脱离轨道。在图 1.4 中,虚线小圆表示飞行器火箭燃料的耗尽点,从星体质心指向耗尽点的射线是 1.3 节利用拉格朗日方程分析二体轨道动力学时定义的广义极坐标系的极轴,极轴与轨道曲线对称轴 x 轴之间的夹角 φ 称为相位角,当耗尽点飞行器轨道的高度有进一步增加的趋势时,相位角 φ 与极角 θ 通常是一正一负。

下面简单回顾一下解析几何中椭圆的几个重要参数,并引出各种轨道中一些重要的术语。如图 1.5 所示,椭圆上两点间连线称为弦,最长的弦称为长轴,垂直平分长轴的弦称为短轴,它们的一半分别称为半长轴和半短轴,分别用 a 和 b 表示;椭圆两个焦点间的距离称为焦距,焦距的一半称为半焦距,用 c 表示;过焦点且与长轴垂直的弦称为通径,通径的一半称为半通径,用 p 表示。根据解析几何的结论,椭圆偏心率、半长轴、半短轴、半焦距的关系为

$$a^2 = b^2 + c^2, \quad e = \frac{c}{a} = \frac{1}{a}\sqrt{a^2-b^2}, \quad b = a\sqrt{1-e^2} \tag{1.50}$$

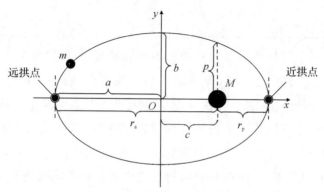

图 1.5 椭圆轨道相关参数及术语

对于椭圆轨道来说,引力星体位于椭圆的一个焦点上,卫星距离引力星体最近的点称为其轨道近拱点,最远的点称为轨道远拱点。如果引力星体为地球,则分别称为近地点和远地点;如果引力星体为太阳则分别称为近日点和远日点。引力星体到近拱点的距离用 r_p 或 r_{min} 表示;引力星体到远拱点的距离用 r_a 或 r_{max} 表示。根据圆锥曲线的标准式(1.49)可知,当其分母上的余弦函数分别取值 $+1$ 和 -1 时,矢径达到最大和最小,因此有以下推论。

推论 1.4

在轨飞行的飞行器距离引力星体最小和最大距离为

$$r_{min} = r_p = \frac{p}{1+e} = \frac{h^2/k^2}{1+e} \tag{1.51}$$

$$r_{max} = r_a = \frac{p}{1-e} = \frac{h^2/k^2}{1-e} \tag{1.52}$$

根据图 1.5 中的几何关系以及式(1.51)、式(1.52)可以得到以下两个推论。

推论 1.5

在轨飞行的飞行器轨道半长轴与偏心率的关系为

$$a = \frac{1}{2}(r_a + r_p) = \frac{p}{1-e^2} = \frac{h^2/k^2}{1-e^2} \tag{1.53}$$

推论 1.6

在轨飞行的飞行器轨道半长轴可表示为

$$a = \frac{r_p}{1-e} \tag{1.54}$$

类似地,对于抛物线轨道和双曲线轨道这些参数如图 1.6 所示,近拱点矢径 r_p 的定义与椭圆轨道相同,即轨道上与曲线焦点(引力星体)之间的最近距离;对于双曲线轨道,它的半长轴 a 定义为近拱点与双曲线渐近线交点之间的距离,因为不同于椭圆轨道半长轴在曲线凹陷区域,双曲线的半长轴被视为负值;抛物线的半长轴 a 为无穷大。值得一提的是,由于式(1.51)~式(1.53)从圆锥曲线标准形式得出,所以对于抛物线轨道和双曲线轨道该方程依然成立。

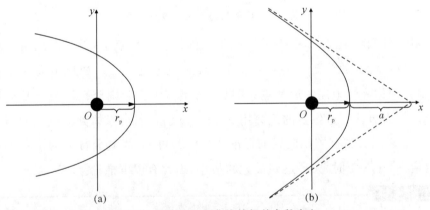

图 1.6 抛物线和双曲线的相关参数定义

在航天飞行动力学中,通常把近拱点极径与飞行器极径之间的夹角称为真近点角,记为 θ_A,根据几何关系易得

$$\theta_A = \theta - \varphi \tag{1.55}$$

因此根据式(1.49)和式(1.55),可以有以下推论。

推论 1.7

用真近点角表示的二体轨道方程为

$$r = \frac{p}{1 + e\cos\theta_A} \tag{1.56}$$

在二体轨道方程的基础上,来分析偏心率 e 与系统动能和势能之间的关系。基于式(1.56),易得

$$\dot{r} = \frac{dr}{dt} = \frac{dr}{d\theta}\frac{d\theta}{dt} = -\frac{p(-e\sin\theta_A)}{(1+e\cos\theta_A)^2}\dot{\theta} =$$

$$\frac{p}{1+e\cos\theta_A}\frac{e\sin\theta_A}{1+e\cos\theta_A}\dot{\theta} = \frac{re\sin\theta_A}{1+e\cos\theta_A}\dot{\theta} \tag{1.57}$$

把式(1.57)代入动能表达式(1.20),得

$$K = \frac{1}{2}m[\dot{r}^2 + (r\dot{\theta})^2] = \frac{1}{2}m\left[\left(\frac{re\sin\theta_A}{1+e\cos\theta_A}\dot{\theta}\right)^2 + (r\dot{\theta})^2\right] =$$

$$\frac{1}{2}m\left[\frac{r^2e^2\sin^2\theta_A}{(1+e\cos\theta_A)^2}\dot{\theta}^2 + r^2\dot{\theta}^2\right] \tag{1.58}$$

根据式(1.33)易得 $\dot{\theta} = h/r^2$,代入式(1.58)进行化简,得

$$K = \frac{1}{2}m\left[\frac{h^2e^2\sin^2\theta_A}{r^2(1+e\cos\theta_A)^2} + \frac{h^2}{r^2}\right] =$$

$$\frac{1}{2}m\frac{h^2e^2\sin^2\theta_A + h^2(1+e\cos\theta_A)^2}{r^2(1+e\cos\theta_A)^2} \tag{1.59}$$

把式(1.56)代入式(1.59),并考虑到 $p = h^2/k^2$,对方程进行化简,得

$$K = \frac{1}{2}m\frac{h^2e^2\sin^2\theta_A + h^2(1+2e\cos\theta_A+e^2\cos^2\theta_A)}{(h^2/k^2)^2} =$$

$$\frac{1}{2}\frac{mk^4}{h^2}(1+2e\cos\theta_A+e^2) \tag{1.60}$$

把式(1.56)代入势能表达式(1.26),并考虑到 $p = h^2/k^2$,得

$$P = -\frac{mk^2}{r} = -\frac{mk^4}{h^2}(1+e\cos\theta_A) \tag{1.61}$$

根据式(1.60)和式(1.61)可知系统的机械能为

$$H = K + P =$$

$$\frac{1}{2}\frac{mk^4}{h^2}(1+2e\cos\theta_A+e^2) - \frac{mk^4}{h^2}(1+e\cos\theta_A) =$$

$$\frac{mk^4}{2h^2}(e^2-1) = \text{const} \tag{1.62}$$

从而有以下推论。

推论 1.8

轨道偏心率的计算公式为

$$e = \sqrt{1 + \frac{2h^2 H}{mk^4}} \qquad (1.63)$$

因此得到以下结论：当系统的动能小于势能绝对值，即 $H < 0$ 时，根据式 (1.63)可知 $e < 1$，此时飞行器轨道为环绕轨道；而当系统动能和势能绝对值相等(此时系统机械能为零)，即 $H = 0$ 时，根据式(1.63)可知 $e = 1$，此时飞行器轨道为抛物线轨道；当系统动能大于势能绝对值，即 $H > 0$ 时，根据式(1.63)可知 $e > 1$，此时飞行器轨道为双曲线轨道。这一结论也符合人们的感性认识，因为动能与飞行器的速度直接相关，飞行器的速度越大，动能越大，则越有可能进入脱离轨道。

值得一提的是，圆轨道也是一种特殊的椭圆轨道，因为圆轨道对应 $e = 0$，根据式(1.56)和式(1.63)，可得

$$r = p = \frac{h^2}{k^2} \qquad (1.64)$$

$$H = -\frac{mk^4}{2h^2} \qquad (1.65)$$

把式(1.64)代入式(1.65)，得

$$H = -\frac{mk^2}{2r} \qquad (1.66)$$

由于机械能 H 是动能和势能的总和，因此机械能公式也可以表示为

$$H = \frac{1}{2}mV^2 - \frac{mk^2}{r} \qquad (1.67)$$

把式(1.66)再代入式(1.67)，可得

$$-\frac{mk^2}{2r} = \frac{1}{2}mV^2 - \frac{mk^2}{r} \qquad (1.68)$$

根据式(1.68)求解飞行器的速度 V，得

$$V = \sqrt{\frac{k^2}{r}} \qquad (1.69)$$

式(1.69)给出了飞行器以圆轨道环绕星体的速度。如果该星体为地球，根

据式(1.25)可知 $k^2 = 3.986 \times 10^{14}$ m³/s²,而地球半径为 $r = 6.4 \times 10^6$ m,则

$$V \approx 7.9 \text{ km/s} \tag{1.70}$$

类似地,对于抛物线轨道,系统的机械能为零,根据式(1.67),得

$$\frac{1}{2}mV^2 - \frac{mk^2}{r} = 0 \tag{1.71}$$

求解此时的飞行器速度,得

$$V = \sqrt{\frac{2k^2}{r}} \tag{1.72}$$

比较式(1.69)和式(1.72)可见,抛物线轨道飞行器在耗尽点的速度是圆轨道的 $\sqrt{2}$ 倍。根据式(1.70),如果引力星体为地球,则该速度约为 11.2 km/s。也就是说,如果要进入脱离轨道,则飞行器在耗尽点的速度要达到或超过这一速度且不依赖于其耗尽点的速度倾角,因此式(1.72)也被称为飞行器的脱离速度。根据以上分析,得出关于二体轨道分析的结论(见表 1.1)。

表 1.1　二体轨道特性

轨道类型		偏心率	能量关系
环绕轨道	圆轨道	$e=0$	动能等于势能绝对值的 $\frac{1}{2}$,即 $\frac{1}{2}mV^2 = \frac{mk^2}{2r}$
	椭圆轨道	$0<e<1$	动能小于势能绝对值,即 $\frac{1}{2}mV^2 < \frac{mk^2}{r}$
脱离轨道	抛物线轨道	$e=1$	动能等于势能绝对值,即 $\frac{1}{2}mV^2 = \frac{mk^2}{r}$
	双曲线轨道	$e>1$	动能大于势能绝对值,即 $\frac{1}{2}mV^2 > \frac{mk^2}{r}$

【例 1.2】　从地球发射的深空探测器在火箭助推器燃料耗尽点时,飞行器位于赤道正上方,海拔高度为 644 km,速度为 13 km/s,速度倾角为偏出正南 10°,计算并绘出该飞行器的轨道示意图。

　　根据本节对二体轨道方程的分析可知,在火箭助推器燃料耗尽后,飞行器的轨道是圆锥曲线,因此要确定飞行器的轨道,就是要确定方程式(1.49)中的参数 p,e,φ。

解　火箭助推器燃料耗尽点时的情况如图 1.7 所示。

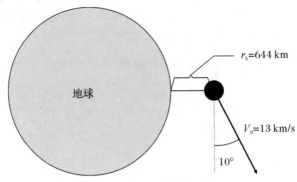

图 1.7　例 1.2 耗尽点情况

1. 确定参数 p

根据耗尽点条件可知

$$r_0 = r_M + r_h = 6.4 \times 10^6 \text{ m} + 0.644 \times 10^6 \text{ m} = 7.044 \times 10^6 \text{ m}$$

$$V_{\theta 0} = V_0 \cos\beta = 13 \times 10^3 \text{ m/s} \times \cos 10° = 12.8 \times 10^3 \text{ m/s}$$

根据定义 $p = h^2 / k^2$，$h = r^2\dot{\theta}$ 以及 $V_\theta = r\dot{\theta}$，并考虑到 h 为常数，可知

$$p = \frac{h^2}{k^2} = \frac{(rV_\theta)^2}{k^2} = \frac{(r_0/V_{\theta 0})^2}{k^2}$$

根据式(1.25)可知 $k^2 = 3.986 \times 10^{14} \text{ m}^3/\text{s}^2$，计算可得

$$p = \frac{(r_0/r_{\theta 0})^2}{k^2} \approx 2.04 \times 10^7 \text{ m}$$

2. 确定偏心率 e

由于系统机械能守恒，并根据式(1.63)和式(1.67)，可得

$$e^2 = 1 + \frac{2h^2 H}{mk^4} = 1 + \frac{2h^2}{mk^4}\left(\frac{1}{2}mV^2 - \frac{mk^2}{r}\right) = 1 + \frac{h^2}{k^4}\left(V_0^2 - \frac{2k^2}{r_0}\right)$$

从而可计算出轨道的偏心率为

$$e = \sqrt{1 + \frac{h^2}{k^4}\left(V_0^2 - \frac{2k^2}{r_0}\right)} = 1.96 > 1$$

3. 确定相位角 φ

因为耗尽点的极径为 r_0，极角 $\theta = 0$，把这两个耗尽点条件以及前两步计算的结果代入式(1.49)，得

$$r_0 = \frac{p}{1 + e\cos(-\varphi)} = \frac{2.04 \times 10^7}{1 + 1.96\cos(-\varphi)} \text{ m} = 7.044 \times 10^6 \text{ m}$$

由此可知

$$\cos(-\varphi)=0.967$$

因为耗尽点速度方向为偏出正南,根据图 1.7 可知速度在极径方向的分量大于零,即 $V_{r_0}>0$,这一条件表明飞行器的轨道高度将进一步增加。而根据图 1.4 中双曲线轨道可知,轨道高度增加时飞行器轨道的相位角 φ 与极角 θ 总是一正一负,本例中定义极角顺时针方向为正,则相位角应该取负值,即

$$\varphi=-\arccos(0.967)=-14.76°$$

至此,轨道方程中的三个参数 p,e,φ 均已确定,从而该飞行器的轨道方程为

$$r=\frac{2.04\times10^7}{1+1.96\cos(\theta+14.76°)}$$

方程中极角 θ 的单位为(°),极径 r 的单位为 m。飞行器轨道示意图如图 1.8 所示,该轨道为双曲线轨道,图中 x 轴为双曲线的对称轴,虚线为双曲线的渐近线。

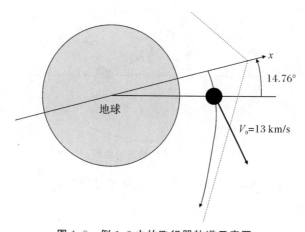

图 1.8　例 1.2 中的飞行器轨道示意图

1.5　开普勒三大定律

在引言部分提到开普勒在第谷·布拉赫精确天文观测数据的基础上提出了开普勒三大定律,这些重要的结论和观点早于牛顿力学半个多世纪。开普勒

三大定律无论是对于当时人们理解太阳系星体运动规律还是对于今天人们分析计算人造卫星运动特性,都具有重要的参考价值,由此可见其具有跨越数个世纪的前瞻性和先进性。因此,本节将利用关于二体轨道方程推导中的方法来从理论上给出开普勒三大定律的证明。

定理 1.2　开普勒第一定律

椭圆定律:卫星围绕其引力中心的轨道是椭圆。

证明　根据前两节的推导与分析,卫星的轨道为圆锥曲线,卫星环绕引力中心的轨道为椭圆(圆可看作 $e=0$ 的椭圆)。这一结论在 1.3 节进行了详细推导,并在 1.4 节进行了深入分析,这里不再赘述。

定理 1.3　开普勒第二定律

面积定律:卫星矢径在相等时间内扫过的面积相等。

证明　为了证明开普勒第二定律,假设经过时间 $\mathrm{d}t$,卫星矢径 r 沿其轨道扫过的极角为 $\mathrm{d}\theta$,如图 1.9 所示。

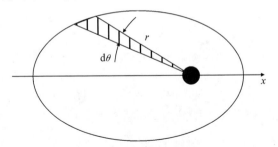

图 1.9　矢径扫过的面积

如果极角 $\mathrm{d}\theta$ 足够小,卫星在其轨道上运动过的弧长可表示为 $r\mathrm{d}\theta$,由此矢径扫过的面积为

$$\mathrm{d}A = \frac{1}{2}r^2\,\mathrm{d}\theta \tag{1.73}$$

式(1.73)两边同除以 $\mathrm{d}t$,得

$$\frac{\mathrm{d}A}{\mathrm{d}t} = \frac{1}{2}\frac{r^2\,\mathrm{d}\theta}{\mathrm{d}t} = \frac{1}{2}r^2\dot{\theta} \tag{1.74}$$

回顾单位质量角动量的定义式(1.33),并把 $h=r^2\dot{\theta}$ 代入式(1.74),可知

$$\frac{\mathrm{d}A}{\mathrm{d}t} = \frac{1}{2}h = \mathrm{const} \tag{1.75}$$

式(1.75)表明卫星在其轨道上运动时,其矢径扫过的面积的变化率为常数,从而证明了卫星矢径在相等时间内扫过的面积相等。

从开普勒第二定律,可以得出以下推论。

推论 1.9

卫星为了保持在轨,必须保证在靠近引力星体时速度大,而远离引力星体时速度小,如图 1.10 所示。

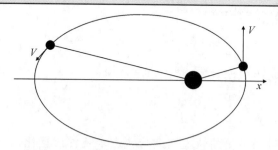

图 1.10　飞行器速度随矢径大小的变化情况

定理 1.4　开普勒第三定律

周期定律:同一引力中心的任何两颗卫星,其轨道周期的二次方与轨道半长轴的三次方成正比。

轨道周期是指卫星沿其轨道完整运动一周所用的时间,用 τ 表示,此时卫星矢径扫过的面积为整个椭圆的面积。

证明　首先回顾式(1.75),把方程两边同乘以 $\mathrm{d}t$,可得

$$\mathrm{d}A = \frac{1}{2}h\mathrm{d}t \tag{1.76}$$

根据前面的分析描述,对式(1.76)两边积分,可得

$$\int_0^A \mathrm{d}A = \int_0^\tau \frac{1}{2}h\mathrm{d}t \tag{1.77}$$

计算式(1.77)可知卫星矢径一个周期内扫过的面积为

$$A = \frac{1}{2}h\tau \tag{1.78}$$

另外,根据解析几何的结论,椭圆的面积可以表示为

$$A = \pi ab \tag{1.79}$$

根据式(1.50)可知

$$b = a\,(1-e^2)^{\frac{1}{2}} \tag{1.80}$$

结合式(1.78)~式(1.80),可得

$$\frac{1}{2}h\tau = \pi a^2\,(1-e^2)^{\frac{1}{2}} \tag{1.81}$$

又从式(1.53)可知

$$h = ka^{\frac{1}{2}}(1-e^2)^{\frac{1}{2}} \tag{1.82}$$

把式(1.82)代入式(1.81),得

$$\frac{1}{2}ka^{\frac{1}{2}}(1-e^2)^{\frac{1}{2}} = \pi a^2\,(1-e^2)^{\frac{1}{2}} \tag{1.83}$$

把式(1.83)两边二次方、化简、整理,可得

$$\frac{\tau^2}{a^3} = \frac{4\pi^2}{k^2} = \text{const} \tag{1.84}$$

由式(1.84)可知卫星的轨道周期与轨道半长轴成正比,且比例系数仅与引力星体相关。因此,若两个卫星围绕同一星体运动,其轨道周期与轨道半长轴分别用τ_1,τ_2和a_1,a_2表示,则

$$\tau_1^2/\tau_2^2 = a_1^3/a_2^3 \tag{1.85}$$

【例1.3】 已知地球公转轨道周期为365.256天,轨道半长轴为1.495 27×10^{11} m,火星的轨道半长轴为2.278 3×10^{11} m,计算火星绕太阳公转的轨道周期。

解 设地球和火星公转的轨道周期和半长轴分别用τ_e,τ_m和a_e,a_m表示,根据开普勒第三定律,有

$$\tau_m^2 = \frac{a_m^3}{a_e^3}\tau_e^2$$

根据已知条件计算得

$$\tau_m = 686.96 \text{ 天}$$

练 习 题

1.质量为m的飞行器位于质量分别为M_1、M_2的两个天体的引力场中,其中$m \ll M_1$,M_2。设该系统的质心为O_c,以质心为原点建立极坐标系,飞行器到

质心的矢径为 r,极角为 θ,两个天体到质心的矢径分别为 r_1、r_2,极角分别为 θ_1、θ_2。求该飞行器的拉格朗日函数表达式。

2.在某地球卫星发射任务中,耗尽点位于北纬27°上空 805 km 处,卫星的耗尽点速度为 9 km/s,方向为偏出正北 3°,计算该地球卫星的轨道并画出其示意图。

3.在椭圆轨道中,试说明半长轴、半短轴、半焦距、半通径、偏心率、近拱点矢径、远拱点矢径的定义及它们的相互关系。

4.推导轨道偏心率表达式,用单位质量角动量、机械能表示。

5.简述开普勒三大定律。

第2章 轨道机动

根据第1章的分析,飞行器的轨道仅由火箭助推器燃料耗尽点的条件决定,即在仅受万有引力作用下,飞行器将沿特定的圆锥曲线在特定平面内运动。在执行深空探测任务中,飞行器往往需要在任务中途经过多次轨道变化,这种变化称为轨道机动或者轨道转移。而要改变飞行器轨道,则必须有附加力作用到飞行器上,这个附加力通常由飞行器上的轨道发动机提供。为了实现从初始轨道到目标轨道的可控机动,就需要精确确定轨道发动机的点火地点和持续时间。

2.1 能量方程

 利用轨道发动机点火实现飞行器的轨道机动实质上是改变飞行器的轨道速度,包括改变速度的大小和方向。那么首先研究如何确定飞行器在轨道上的速度大小和方向。

从开普勒第二定律的证明中得到一个重要的推论,即卫星为了保持其在轨,必须保证在靠近引力星体时速度大,远离引力星体时速度小。由此可以定性地认识到,飞行器在轨道上的速度大小是随着其轨道高度的变化而变化的。回顾式(1.67),系统的总能量可以表示为动能和势能的和,即

$$H = \frac{1}{2}mV^2 - \frac{mk^2}{r}$$

定义 2.1 比能

为了不失一般性,物理上把单位质量的能量定义为比能,用 E_s 表示。因为保守系统的机械能守恒,从而可知系统的比能 E_s 也是常量。根据系统总能量的表达式易得

$$E_s = \frac{V^2}{2} - \frac{k^2}{r} \tag{2.1}$$

根据比能的定义并结合式(1.62),得

$$E_s = \frac{k^4}{2h^2}(e^2-1) \tag{2.2}$$

把半长轴的计算公式(1.53)代入式(2.2),得

$$E_s = -\frac{k^2}{2a} \tag{2.3}$$

进一步把式(2.3)代入式(2.1),得

$$\frac{V^2}{2} - \frac{k^2}{r} = -\frac{k^2}{2a} \tag{2.4}$$

整理式(2.4),易得如下定理。

定理 2.1 能量方程

　　飞行器在轨飞行的瞬时速度大小与其轨道半长轴 a 以及飞行器相对引力中心的矢径 r 存在如下关系:

$$V = \sqrt{\frac{2k^2}{r} - \frac{k^2}{a}} \tag{2.5}$$

式(2.5)称为能量方程或活力方程。

根据能量方程式(2.5),可以很容易地计算出飞行器在轨道特定点的速度大小。

【例 2.1】　根据例 1.2 中的飞行器轨道,计算:(1)飞行器在近拱点的速度大小;(2)真近点角 $\theta_A = 120°$ 时飞行器的速度大小。

解　为了计算轨道特定点飞行器的速度大小,需要首先确定特定点的矢径及轨道半长轴,然后利用能量方程进行求解。例 1.2 的飞行器轨道为双曲线轨道,轨道方程为

$$r = \frac{h^2/k^2}{1+e\cos\theta_A} = \frac{2.04\times10^7}{1+1.96\cos(\theta+14.76°)}$$

根据定义,近拱点的真近点角为 $\theta_A = 0°$,因此近拱点的矢径为

$$r_p = \frac{h^2/k^2}{1+e\cos0°} = \frac{2.04\times10^7}{1+1.96} \text{ m} = 6.89\times10^6 \text{ m}$$

而真近点角 $\theta_A = 120°$ 时对应的矢径为

$$r = \frac{h^2/k^2}{1+e\cos120°} = \frac{2.04\times10^7}{1-0.98} \text{ m} = 1.02\times10^9 \text{ m}$$

根据式(1.62)以及轨道方程中的参数,计算轨道半长轴为

$$a = \frac{h^2/k^2}{1-e^2} = \frac{2.04\times10^7}{1-1.96^2} \text{ m} = -7.18\times10^6 \text{ m}$$

又根据式(1.25)可知,$k^2 = 3.986 \times 10^{14}$ m³/s²,从而有

(1)飞行器在近拱点的速度大小为

$$V_\text{p} = \sqrt{\frac{2k^2}{r_\text{p}} - \frac{k^2}{a}} = 13.09 \text{ km/s}$$

(2)真近点角 $\theta_\text{A} = 120°$ 时飞行器的速度大小为

$$V = \sqrt{\frac{2k^2}{r} - \frac{k^2}{a}} = 7.50 \text{ km/s}$$

因为 $k^2 = 3.986 \times 10^{14}$ m³/s²,且 $p = h^2/k^2 = 2.04 \times 10^7$ m,从而可知

$$h = \sqrt{pk^2} = 9.02 \times 10^{10} \text{ m}^2/\text{s}$$

又因为单位质量的角动量 $h = r^2\dot{\theta} = rV_\theta$ 守恒,根据几何性质可知,当飞行器在近拱点时,飞行器速度矢量垂直于矢径,即 $V_\text{p} = V_\theta$,从而有

$$V_\text{p} = V_\theta = \frac{h}{r_\text{p}} = 13.09 \text{ km/s}$$

 该结果也验证了使用能量方程的计算结果。根据计算结果可以看出,近拱点矢径最小,因此飞行器在这一点速度最大。

【例2.2】 接着例2.1,求真近点角 $\theta_\text{A} = 120°$ 时飞行器的速度倾角。

解 根据例2.1可知,真近点角 $\theta_\text{A} = 120°$ 时的矢径为 $r = 1.02 \times 10^9$ m,飞行器速度值为 $V = 7.50$ km/s,如图2.1所示。

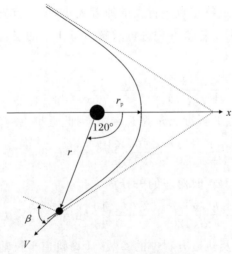

图2.1 例2.2速度倾角图解

因为单位质量角动量 $h = 9.02 \times 10^{10}$ m²/s,从而有

$$V_\theta = \frac{h}{r} = 88.4 \text{ m/s}$$

根据速度倾角的定义可知 $V_\theta = V\cos\beta$,则有

$$\beta = \arccos \frac{V_\theta}{V} = 89.3°$$

掌握了基于能量方程确定飞行器轨道速度大小和方向的方法后,开始分析飞行器轨道机动的相关问题。燃料耗尽点条件确定的轨道是平面圆锥曲线,因此可根据轨道机动发生在平面间还是平面内把问题分为两类。

定义 2.2 轨道机动

　　称平面间的轨道机动问题为轨道平面变化,平面内的轨道机动为面内轨道转移。

下面对这两类问题分别进行分析。

2.2　轨道平面变化

定义 2.3 轨道倾角

　　通常把飞行器的轨道平面与引力星体的赤道平面间的夹角称为轨道倾角,轨道平面变化就是指只改变轨道倾角,而不改变轨道形状的轨道机动问题。

回顾经典力学对单位质量角动量的定义为

$$\boldsymbol{h} = \boldsymbol{r} \times \boldsymbol{V} \tag{2.6}$$

 　　根据经典力学中的定义可知,单位质量的角动量为矢量,其方向垂直于位置矢量 $\boldsymbol{r}$(即本书中的极径)与速度矢量 $\boldsymbol{V}$ 所确定的平面,指向由 $\boldsymbol{r}$ 经小于180°角转向 $\boldsymbol{V}$ 的右手螺旋大拇指方向,从而可以确定单位质量角动量 $\boldsymbol{h}$ 的方向符合右手定则且垂直于轨道平面。

回顾速度倾角 β 的定义,由图1.2可知,$\boldsymbol{r}$ 和 $\boldsymbol{V}$ 之间的夹角为 $\beta + 90°$,再根据叉乘的定义以及式(2.6),有

$$h = \|\boldsymbol{h}\| = \|\boldsymbol{r}\| \cdot \|\boldsymbol{V}\| \cdot \sin(\beta + 90°) = rV\cos\beta = rV_\theta = rr\dot\theta = r^2\dot\theta \tag{2.7}$$

对比式(2.7)和式(1.33)发现单位质量角动量值的计算是一致的,且根据上述分析,单位质量的角动量方向符合右手定则且垂直于轨道平面。

因为轨道平面变化只改变轨道倾角,所以只需改变角动量的方向,角动量的大小及轨道形状等均保持不变。如图 2.2 所示,假设轨道倾角需改变的角度为 α,则角动量的方向也相应的需要改变角度 α。

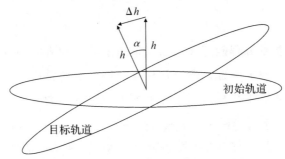

图 2.2　轨道平面变化

根据三角形余弦定理,有

$$(\Delta h)^2 = h^2 + h^2 - 2h^2 \cos\alpha = 2h^2(1-\cos\alpha) \tag{2.8}$$

把三角恒等式 $1-\cos\alpha = 2\sin^2(\alpha/2)$ 代入式(2.8),得

$$(\Delta h)^2 = 4h^2 \sin^2 \frac{\alpha}{2} \tag{2.9}$$

对式(2.9)两边开二次方,可得

$$\Delta h = 2h\sin\frac{\alpha}{2} \tag{2.10}$$

根据物理学知识可知,动量的变化量是冲量。如果定义单位质量的轨道发动机推力为 $\boldsymbol{F}$,则有

$$\Delta \boldsymbol{V} = \boldsymbol{F}\Delta t \tag{2.11}$$

类似地,角动量的变化量是冲量矩。对单位质量角动量的变化量 $\Delta \boldsymbol{h}$,假设实施轨道平面变化的轨道发动机点火点矢径为 $\boldsymbol{r}$,根据冲量矩的定义,有

$$\Delta \boldsymbol{h} = \boldsymbol{r} \times \boldsymbol{F}\Delta t = \boldsymbol{r} \times \Delta \boldsymbol{V} \tag{2.12}$$

推论 2.1

为了不影响极径方向的速度,轨道发动机推力 $\boldsymbol{F}$ 的方向(或轨道发动机点火产生的速度增量 $\Delta \boldsymbol{V}$ 方向)应与轨道发动机点火点极径 $\boldsymbol{r}$ 和角动量变化量 $\Delta \boldsymbol{h}$ 三者相互正交,且符合右手定则。简而言之,轨道发动机推力方向(或速度增量方向)时刻与轨道平面垂直。

由式(2.12)可知角动量变化量的值为

$$\Delta h = r\Delta V \tag{2.13}$$

把式(2.13)代入式(2.10),并考虑到 $h = rV_\theta$,可得

$$r\Delta V = 2rV_\theta \sin\frac{\alpha}{2} \tag{2.14}$$

两边消去 r 后可得以下推论。

推论 2.2

> 轨道平面变化 α 角所需的速度增量大小为
>
> $$\Delta V = 2V_\theta \sin\frac{\alpha}{2} \tag{2.15}$$

至此,确定了轨道平面变化 α 角所需的速度增量大小及方向。进一步,如果轨道发动机的单位质量推力 F 已知,结合式(2.11)和式(2.15)易得发动机在初始轨道上任意点点火所需的点火时间,并有以下推论。

推论 2.3

> 对于特定的轨道平面变化角度,飞行器轨道速度在极角方向的分量大小决定了执行该轨道机动所需的速度增量大小。由于单位质量的角动量守恒,且有 $h = rV_\theta$,所以 V_θ 在远拱点时达到最小,这也就意味着在远拱点执行轨道平面变化的机动,所需的速度增量最小,也就是说如果轨道发动机在远拱点处点火,所需的点火时间最短,消耗燃料最少,效率最高。

虽然在远拱点执行轨道平面变化效率最高,但同时可能会带来一些负面影响。轨道发动机的点火点(轨道机动执行点)应是初始轨道与目标轨道的交点,如果轨道发动机点火点(轨道机动执行点)不是初始轨道与目标轨道的交点,则目标轨道将发生进动。关于轨道进动的问题不做进一步阐述,有兴趣的读者可参阅其他参考资料。为了避免轨道进动问题,轨道平面变化通常在升交点和降交点上执行。

定义 2.4 升交点和降交点

在初始轨道和目标轨道确定后,两条轨道的两个交点也就确定了,这两个交点通常被称为升交点和降交点。升交点是指卫星由南向北运动时,其轨道面与赤道面的交点;降交点是指卫星由北向南运动时,其轨道面与赤道面的交点;升交点与降交点的连线是初始轨道平面、目标轨道平面以及引力星体赤道平面三者的交线。

【例2.3】 假设初始情况下,飞行器围绕地球以椭圆轨道运行,轨道倾角90°,升交点处的真近点角为 $\theta_{A升} = -18.04°$,轨道方程为

$$r = \frac{1.050\ 6 \times 10^7}{1 + 0.465\ 4\cos\theta_A}$$

如果要把轨道倾角改变10°,计算在升交点和降交点处执行轨道平面变化所需的速度增量 ΔV 的大小。

解 根据轨道方程,首先计算升交点处的极径

$$r_升 = \frac{1.050\ 6 \times 10^7}{1 + 0.465\ 4 \times \cos(-18.06°)}\ \text{m} = 7.283 \times 10^6\ \text{m}$$

因为对于地球 $k^2 = 3.986 \times 10^{14}\ \text{m}^3/\text{s}^2$,且 $p = h^2/k^2 = 1.050\ 6 \times 10^7\ \text{m}$,从而有

$$h = \sqrt{pk^2} = 6.47 \times 10^{10}\ \text{m}^2/\text{s}\ .$$

根据单位质量角动量 h 守恒可知,升交点处的极角速度 $V_{\theta升}$ 为

$$V_{\theta升} = \frac{h}{r_升} = \frac{6.47 \times 10^{10}}{7.283 \times 10^6}\ \text{m/s} = 8\ 884\ \text{m/s}$$

从而根据式(2.15)可知

$$\Delta V_升 = 2V_{\theta升}\sin\frac{\alpha}{2} = 2 \times 8\ 884 \times \sin 5°\ \text{m/s} = 1\ 549\ \text{m/s}$$

接下来分析计算如果在降交点执行轨道平面变化所需的速度增量大小。类似上面的计算过程,要先根据轨道方程计算降交点的极径。由于升交点和降交点处的真近点角互补,从而可知 $\theta_{A降} = 180° - 18.04° = 161.96°$,代入轨道方程计算降交点的极径为

$$r_降 = \frac{1.050\ 6 \times 10^7}{1 + 0.465\ 4 \times \cos 161.94°}\ \text{m} = 1.885 \times 10^7\ \text{m}$$

从而

$$V_{\theta降} = \frac{h}{r_降} = \frac{6.47 \times 10^{10}}{1.885 \times 10^7}\ \text{m/s} = 3\ 432\ \text{m/s}$$

根据式(2.15)可知

$$\Delta V_降 = 2V_{\theta降}\sin\frac{\alpha}{2} = 2 \times 3\ 432 \times \sin 5°\ \text{m/s} = 598.2\ \text{m/s}$$

根据上面的计算结果可知,因为降交点处的极径大于升交点处的极径,所以在降交点时飞行器的速度较小,从而轨道平面机动在降交点执行所需的速度增量更小,对于同样的轨道发动机消耗燃料较少。

2.3 面内轨道转移

下面讨论平面内的轨道机动问题。面内轨道转移主要研究初始轨道和目标轨道在同一个平面内,但具有不同形状的两个轨道之间的机动问题。根据两条轨道是否有交点又可以把问题细分为两类:一类是面内相交轨道转移问题,另一类是面内不相交轨道转移问题。

2.3.1 面内相交轨道转移

面内相交轨道转移的实施方法有很多种,这里介绍一种最简单的方法——单脉冲轨道转移。如图 2.3 所示,假设 C 点是初始轨道和目标轨道的一个交点,单脉冲轨道转移就是通过轨道发动机在该点单次点火产生的脉冲实现面内相交轨道的转移。飞行器在 C 点的速度决定了它在哪条轨道运行,简洁起见,分别用 V_1 和 V_2 表示飞行器沿初始轨道和目标轨道运行时 C 点的速度,易知速度矢量 V_1 和 V_2 之间的夹角实际上是飞行器沿两条轨道运行到 C 点的速度倾角之差。

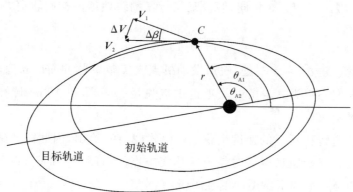

图 2.3 面内相交轨道转移示意图

为了确定速度倾角之差 $\Delta\beta$,回顾飞行器轨道速度在极径和极角方向的分量 $V_r = \mathrm{d}r/\mathrm{d}t = V\sin\beta$ 和 $V_\theta = r(\mathrm{d}\theta/\mathrm{d}t) = V\cos\beta$,用极径方向速度分量除以极角方向速度分量,可得

$$\frac{V_r}{V_\theta} = \tan\beta = \frac{\mathrm{d}r/\mathrm{d}t}{r(\mathrm{d}\theta/\mathrm{d}t)} = \frac{\mathrm{d}r/\mathrm{d}\theta}{r} \tag{2.16}$$

又由圆锥曲线轨道方程的标准形式式(1.56)可知

$$\frac{\mathrm{d}r}{\mathrm{d}\theta} = -\frac{p}{(1+e\cos\theta_A)^2}(-e\sin\theta_A) = \frac{pe\sin\theta_A}{(1+e\cos\theta_A)^2} \qquad (2.17)$$

将式(1.56)、式(2.17)代入式(2.16)，得

$$\tan\beta = \frac{pe\sin\theta_A}{(1+e\cos\theta_A)^2}\frac{1+e\cos\theta_A}{p} = \frac{e\sin\theta_A}{1+e\cos\theta_A} \qquad (2.18)$$

式(2.18)给出了速度倾角 β 与轨道偏心率 e 以及真近点角 θ_A 之间的关系。如果初始轨道和目标轨道参数已知，根据能量方程和式(2.18)易得 V_1、V_2 以及 $\Delta\beta$。从而根据三角形余弦定理有以下推论。

推论2.4

采用单脉冲轨道转移的方式实施面内相交轨道转移所需的速度增量满足

$$(\Delta V)^2 = V_1^2 + V_2^2 - 2V_1V_2\cos(\Delta\beta) \qquad (2.19)$$

从式(2.19)可知，当单脉冲轨道转移的执行点是初始轨道和目标轨道的相切点，即 $\Delta\beta = 0$ 时，所需的速度增量最小，也就是说如果两条轨道有相切点，则在该点执行面内相交轨道转移最省燃料。

【例2.4】 与例2.3相同，假设某飞行器围绕地球的初始轨道方程为

$$r_1 = \frac{1.050\ 6 \times 10^7}{1 + 0.465\ 4\cos\theta_{A,1}}$$

在真近点角 $\theta_{A,1C} = 90°$ 处，轨道发动机点火实施单脉冲面内轨道转移，已知目标轨道的偏心率为 $e_2 = 0.6$，轨道近拱点矢径 $r_{p,2} = 8\ 000\ \mathrm{km}$，计算该转移需要的速度增量 ΔV。

解 轨道转移所需的速度增量 ΔV 由式(2.19)给出，因此需要确定飞行器沿初始轨道和目标轨道运行时轨道转移实施点的速度 V_1 和 V_2，以及 V_1 和 V_2 之间的夹角 $\Delta\beta$，本例示意图如图2.4所示。

1. 确定 V_1

根据初始轨道方程计算轨道近拱点矢径、远拱点矢径以及轨道半长轴，得

$$r_{p,1} = \frac{1.050\ 6 \times 10^7}{1 + 0.465\ 4}\ \mathrm{m} = 7.169 \times 10^6\ \mathrm{m}$$

$$r_{a,1} = \frac{1.050\ 6 \times 10^7}{1 - 0.465\ 4}\ \mathrm{m} = 1.965 \times 10^7\ \mathrm{m}$$

$$a_1 = \frac{r_{p,1} + r_{a,1}}{2}\ \mathrm{m} = 1.341 \times 10^7\ \mathrm{m}$$

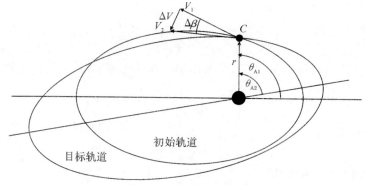

图 2.4 例 2.4 示意图

轨道转移点 C 的矢径为

$$r_C = \frac{1.050\ 6 \times 10^7}{1 + 0.465\ 4 \times \cos 90°}\ \text{m} = 1.050\ 6 \times 10^7\ \text{m}$$

对于初始轨道上的 C 点，应用能量方程，可得

$$V_1 = \sqrt{\frac{2k^2}{r_C} - \frac{k^2}{a_1}} = 6\ 794\ \text{m/s}$$

2. 确定 V_2

根据已知条件以及式(1.54)可知

$$a_2 = \frac{r_{p,2}}{1 - e_2} = \frac{8 \times 10^6}{1 - 0.6}\ \text{m} = 2 \times 10^7\ \text{m}$$

对于目标轨道上的 C 点，应用能量方程，可得

$$V_2 = \sqrt{\frac{2k^2}{r_C} - \frac{k^2}{a_2}} = 7\ 480\ \text{m/s}$$

3. 确定 $\Delta\beta$

根据定义 $\Delta\beta = \beta_1 - \beta_2$，因此需要分别确定两条轨道上飞行器在 C 点的速度倾角。根据已知条件以及式(2.18)易得飞行器沿初始轨道在 C 点的速度倾角为

$$\beta_1 = \arctan \frac{e_1 \sin\theta_{A,1C}}{1 + e_1 \cos\theta_{A,1C}} = \arctan \frac{0.465\ 4 \times \sin 90°}{1 + 0.465\ 4 \times \cos 90°} =$$

$$\arctan 0.465\ 4 = 24.957°$$

已知目标轨道偏心率 $e_2 = 0.6$，为了应用式(2.18)确定 β_2，需要求解飞行器在目标轨道的 C 点处的真近点角 $\theta_{A,2C}$。为此，假设目标轨道方程为

$$r_2 = \frac{p_2}{1 + e_2 \cos\theta_{A,2}}$$

由于

$$r_{p,2}=\frac{p_2}{1+e_2} \Rightarrow p_2=(1+e_2)r_{p,2}$$

将上式代入目标轨道方程,并利用第 1 步中求得的 C 点矢径整理求解,得

$$\cos\theta_{A,2C}=\frac{r_{p,2}(1+e_2)}{e_2 r_C}-\frac{1}{e_2}=0.363\ 9$$

从而可知

$$\theta_{A,2C}=\arccos 0.363\ 9=68.66°$$

再利用式(2.18),得

$$\beta_2=\arctan\frac{e_2\sin\theta_{A,2C}}{1+e_2\cos\theta_{A,2C}}=\arctan\frac{0.6\times\sin 68.66°}{1+0.6\times\cos 68.66°}=$$

$$\arctan 0.458\ 7=24.64°$$

从而有

$$\Delta\beta=\beta_1-\beta_2=0.317°$$

至此我们可以应用式(2.19),得

$$(\Delta V)^2=V_1^2+V_2^2-2V_1 V_2\cos(\Delta\beta)=4.7\times10^5\ \mathrm{m^2/s^2}$$

因此

$$\Delta V=685.6\ \mathrm{m/s}$$

推论2.5

从例 2.4 中,得到了真近点角的一个关系式,其一般形式为

$$\cos\theta_A=\frac{r_p(1+e)}{er}-\frac{1}{e} \tag{2.20}$$

 实际上根据 1.4 节以及本节的部分内容,二体轨道中的矢径 r、偏心率 e、半长轴 a、真近点角 θ_A、速度倾角 β、近拱点矢径 r_p 等参数相互之间有着密切的关系,这些关系在单脉冲面内轨道转移中可简化推导计算过程。

下面讨论一种特殊的面内相交轨道转移问题。假设初始轨道和目标轨道是形状相同,但拱线不同的两个相交椭圆轨道,如图 2.5 所示,两个椭圆轨道的拱线夹角为 α,轨道交点为 C 和 C',飞行器在交点 C 处的初始轨道速度和目标轨道速度分别为 $V_{1,c}$ 和 $V_{2,c}$,真近点角分别为 $\theta_{A,1C}$ 和 $\theta_{A,2C}$,矢径为 r_C。

由于初始轨道和目标轨道形状相同,图 2.5 具有一定的对称性,如 r_C 为 α 的角平分线;$V_{1,c}$ 和 $V_{2,c}$ 大小相等;飞行器在交点 C 处的初始轨道速度倾角和目标轨道速度倾角绝对值相等。现在考虑在轨道交点 C 处,飞行器在初始轨道

上的真近点角为 $\theta_{A,1C}=\pi+\alpha/2$,速度倾角记为 β_1(对于初始轨道 C 点的速度倾角值为负)。根据速度三角关系以及式(2.19),该单脉冲轨道转移所需的速度增量为

$$\Delta V = \sqrt{V_{1,c}^2 + V_{2,c}^2 - 2V_{1,c}V_{2,c}\cos(2\beta_1)} =$$

$$\sqrt{2V_{1,c}^2 - 2V_{1,c}^2\cos(2\beta_1)} =$$

$$2V_{1,c}\sqrt{\frac{1-\cos(2\beta_1)}{2}} = -2V_{1,c}\sin\beta_1, \quad \beta_1 < 0 \qquad (2.21)$$

其中,$V_{1,c}\sin\beta_1$ 按照定义应为飞行器在 C 点轨道速度的极径方向分量。

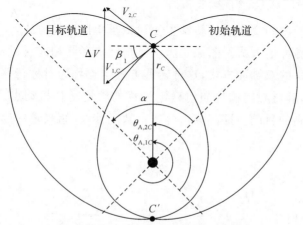

图 2.5 形状相同拱线不同的两个相交椭圆轨道单脉冲转移

性质 2.1

三角函数半角公式

$$\sin\frac{a}{2} = \pm\sqrt{\frac{1-\cos a}{2}}$$

根据单位质量角动量定义 $h=r^2\dot\theta$ 易得 $\dot\theta=h/r^2$,而根据定义 $p=h^2/k^2$ 易知 $h=\sqrt{pk^2}$,同时考虑到式(2.17),有

$$V\sin\beta = \frac{\mathrm{d}r}{\mathrm{d}t} = \frac{\mathrm{d}r}{\mathrm{d}\theta}\frac{\mathrm{d}\theta}{\mathrm{d}t} = \frac{pe\sin\theta_A}{(1+e\cos\theta_A)^2}\dot\theta =$$

$$\frac{pe\sin\theta_A}{(1+e\cos\theta_A)^2}\frac{\sqrt{pk^2}}{r^2} =$$

$$\frac{pe\sin\theta_A}{(1+e\cos\theta_A)^2}\frac{\sqrt{pk^2}(1+e\cos\theta_A)^2}{p^2} = e\sin\theta_A\sqrt{\frac{k^2}{p}} \qquad (2.22)$$

推论2.6

式(2.22)给出了飞行器在轨飞行时极径方向的速度分量与轨道偏心率以及真近点角之间的直接关系。

结合式(2.21)和式(2.22),得该单脉冲轨道转移所需速度增量为

$$\Delta V = -2V_{1,C}\sin\beta_1 = -2e\sin\theta_{A,1C}\sqrt{\frac{k^2}{p}} = 2e\sin\frac{\alpha}{2}\sqrt{\frac{k^2}{p}} \tag{2.23}$$

 如果选择在 C' 处执行该轨道转移,同理可以证明所需的单脉冲速度增量与式(2.23)结果相同。

上述关于面内相交轨道的转移主要讨论了单脉冲的方式,实际上也可以采用双脉冲或多脉冲的方式。图2.6所示就是针对形状相同、拱线不同的两个相交椭圆轨道转移的双脉冲方式,这种转移方式也被称为对称转移。无论是双脉冲还是多脉冲,其核心问题是如何确定最优的轨道转移机动点及转移轨道,从而达到能量最省的目的。这部分内容本书暂不涉及,感兴趣的读者可参考相关文献资料。

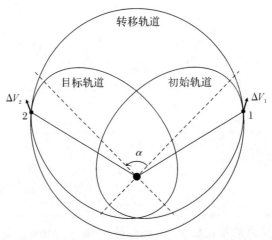

图2.6 形状相同拱线不同的两个相交椭圆轨道对称转移

2.3.2 面内不相交轨道转移

对于面内不相交轨道的转移,需要至少两个单独的脉冲,如图2.7所示。第一个脉冲施加于初始轨道上的1点,并将轨道转移到一条与目标轨道有交点的中间轨道,通常称为转移轨道或过渡轨道;第二个脉冲施加于转移轨道上的2点,实现从转移轨道到目标轨道的机动。在转移轨道确定后,就可以当作两

次单脉冲面内轨道转移进行计算。值得一提的是面内不相交轨道的转移轨道并不是唯一的,在航天工程中,转移轨道的选择要综合考虑能量消耗、飞行时间、制导精度、测量和控制条件等因素。

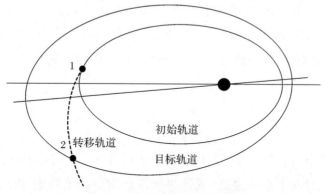

图 2.7　面内不相交轨道转移

　　前面在面内相交轨道转移中讨论过最省燃料的情况,即轨道转移在两条轨道的相切点实施能量最省。因此在面内不相交轨道转移中,考虑一条特殊的转移轨道,即该转移轨道与初始轨道和目标轨道都相切,如图 2.8 所示。以该转移轨道作为中间轨道实现面内不相交轨道转移是双脉冲最省能量的方式。

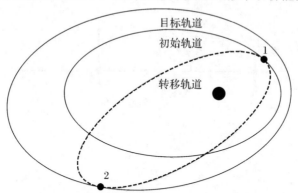

图 2.8　面内不相交轨道双脉冲最省能量转移

2.3.2.1　霍曼转移

定义 2.5　霍曼转移

　　如果面内不相交轨道转移发生在圆轨道之间,最省能量的双脉冲转移轨道是近拱点和远拱点分别与两条圆轨道相切的椭圆轨道,把采用这种方式实现两条圆轨道之间的轨道转移称为霍曼(Homan)转移。

推论 2.7

霍曼转移是面内两条不相交圆轨道最省能量的双脉冲转移方式。

如图 2.9 所示,假设霍曼转移轨道与初始轨道相切点为 1 点(转移轨道近拱点),与目标轨道相切点为 2 点(转移轨道远拱点),由于切点处速度方向相同,所以从初始轨道到转移轨道、从转移轨道到目标轨道所需的速度增量分别为

$$\Delta V_1 = V_p - V_1 \tag{2.24}$$

$$\Delta V_2 = V_2 - V_a \tag{2.25}$$

以上两式中:V_1 表示飞行器沿初始轨道运行到 1 点的速度;V_p 表示飞行器沿转移轨道运行时 1 点的速度(或转移轨道近拱点速度);V_2 表示飞行器沿目标轨道运行到 2 点的速度;V_a 表示飞行器沿转移轨道运行时 2 点的速度(或转移轨道远拱点速度)。

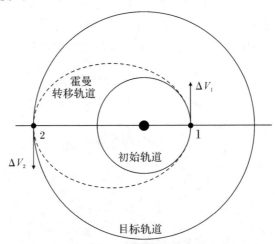

图 2.9　霍曼转移示意图

计算霍曼转移所需的速度增量可以利用能量方程先计算转移轨道近拱点和远拱点的轨道速度。如果已知初始圆轨道和目标圆轨道的半径分别为 r_1 和 r_2,则对于霍曼转移的椭圆转移轨道来说,有

$$r_p = \frac{h^2/k^2}{1+e} = r_1 \tag{2.26}$$

$$r_a = \frac{h^2/k^2}{1-e} = r_2 \tag{2.27}$$

$$a = \frac{r_1 + r_2}{2} \tag{2.28}$$

根据能量方程(2.5)以及式(2.26)～式(2.28)容易计算出转移轨道近拱点和远拱点速度,然后根据圆轨道速度以及式(2.24)和式(2.25)容易计算霍曼转移所需的速度增量。

下面介绍另外一种方法,目的是得到直接的速度增量计算公式。根据式(2.26)和式(2.27)可知椭圆转移轨道的偏心率为

$$e = \frac{r_2 - r_1}{r_1 + r_2} \tag{2.29}$$

另外,因为椭圆转移轨道的单位质量角动量守恒,且轨道近拱点和远拱点速度与矢径垂直,即

$$h = r V_\theta = r_p V_p = r_1 V_p = r_a V_a = r_2 V_a \tag{2.30}$$

把式(2.29)式(2.30)代入式(2.26),得

$$r_p = \frac{(r_p V_p)^2 / k^2}{1 + e} \Rightarrow 1 + e = \frac{2r_2}{r_1 + r_2} = r_1 \frac{V_p^2}{k^2} \tag{2.31}$$

把式(2.29)和式(2.30)代入式(2.27),得

$$r_a = \frac{(r_a V_a)^2 / k^2}{1 - e} \Rightarrow 1 - e = \frac{2r_1}{r_1 + r_2} = r_2 \frac{V_a^2}{k^2} \tag{2.32}$$

整理化简式(2.31)和式(2.32),可得

$$V_p = \sqrt{\frac{k^2}{r_1} \frac{2r_2}{r_1 + r_2}} \tag{2.33}$$

$$V_a = \sqrt{\frac{k^2}{r_2} \frac{2r_1}{r_1 + r_2}} \tag{2.34}$$

又由能量方程可知,两条圆轨道的轨道速度分别为

$$V_1 = \sqrt{\frac{k^2}{r_1}} \tag{2.35}$$

$$V_2 = \sqrt{\frac{k^2}{r_2}} \tag{2.36}$$

将式(2.33)和式(2.34)代入式(2.24),得

$$\Delta V_1 = V_p - V_1 = \sqrt{\frac{k^2}{r_1}} \left(\sqrt{\frac{2r_2}{r_1 + r_2}} - 1 \right) \tag{2.37}$$

将式(2.35)和式(2.36)代入式(2.25),得

$$\Delta V_2 = V_2 - V_a = \sqrt{\frac{k^2}{r_2}}\left(1 - \sqrt{\frac{2r_1}{r_1 + r_2}}\right) \qquad (2.38)$$

从而有以下推论。

推论2.8

　　霍曼转移所需的总速度增量可以用初始轨道半径以及目标轨道半径表示为

$$\Delta V = \Delta V_1 + \Delta V_2 = \sqrt{\frac{k^2}{r_1}}\left(\sqrt{\frac{2r_2}{r_1 + r_2}} - 1\right) + \sqrt{\frac{k^2}{r_2}}\left(1 - \sqrt{\frac{2r_1}{r_1 + r_2}}\right) \qquad (2.39)$$

　　【例2.5】　假设飞行器位于海平面以上 400 km 的近地圆轨道上，地球半径为 6 400 km，轨道倾角 0°。如果要将该飞行器通过霍曼转移机动到轨道高度为 35 700 km 的地球同步轨道上，计算该轨道机动所需的速度增量。

　　解　参照图 2.9，飞行器在 1 点和 2 点的轨道矢径分别为

$$r_1 = h_1 + r_e = 0.4 \times 10^6 \ \text{m} + 6.4 \times 10^6 \ \text{m} = 6.8 \times 10^6 \ \text{m}$$

$$r_2 = h_2 + r_e = 35.7 \times 10^6 \ \text{m} + 6.4 \times 10^6 \ \text{m} = 42.1 \times 10^6 \ \text{m}$$

对于地球来说 $k^2 = 3.986 \times 10^{14} \ \text{m}^3/\text{s}^2$，因此根据式（2.37）和式（2.38）可知

$$\Delta V_1 = \sqrt{\frac{k^2}{r_1}}\left(\sqrt{\frac{2r_2}{r_1 + r_2}} - 1\right) = 2\ 390 \ \text{m/s}$$

$$\Delta V_2 = \sqrt{\frac{k^2}{r_2}}\left(1 - \sqrt{\frac{2r_1}{r_1 + r_2}}\right) = 1\ 460 \ \text{m/s}$$

因此该霍曼转移所需的速度增量为

$$\Delta V = \Delta V_1 + \Delta V_2 = 3\ 850 \ \text{m/s}$$

　　上面提到，对于面内不相交的圆轨道转移，霍曼转移是最省能量的双脉冲转移方法。根据直觉，如果脉冲数越多，则消耗能量越多。那么实际上真的如此吗？如果不限制脉冲数，是否有更省能量的转移方式呢？

2.3.2.2　双椭圆轨道转移

　　下面介绍另外一种面内两个圆轨道之间的转移方式，双椭圆轨道转移。双椭圆轨道转移是一种三脉冲轨道转移方式，全过程需要三次推进，如图 2.10 所示，初始圆轨道半径表示为 r_1，目标圆轨道半径表示为 r_2，双椭圆转移轨道远拱

点矢径表示为 r_3。

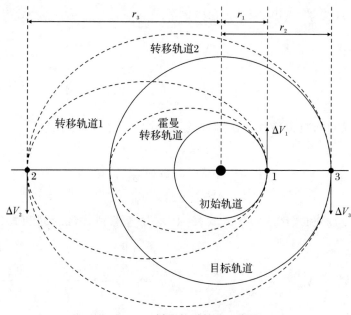

图 2.10 双椭圆轨道转移示意图

为了简化公式书写,在本节中临时引入两个参数 a 和 b(注意:这里的 a 和 b 不是第 1 章中介绍的轨道半长轴和半短轴),且 $b > a > 1$,其定义为

$$a = \frac{r_2}{r_1}, \quad b = \frac{r_3}{r_1} \tag{2.40}$$

式(2.40)也可改写为

$$r_2 = ar_1, \quad r_3 = br_1 \tag{2.41}$$

根据图 2.10 易知,双椭圆转移轨道 1 的半长轴为 $(r_1 + r_3)/2$,双椭圆转移轨道 2 的半长轴为 $(r_2 + r_3)/2$。将它们代入能量方程式(2.5),得飞行器在转移轨道近拱点和远拱点的速度分别为

$$V_{p,1} = \sqrt{\frac{2k^2}{r_1} - \frac{2k^2}{r_1 + r_3}} \tag{2.42}$$

$$V_{p,2} = \sqrt{\frac{2k^2}{r_2} - \frac{2k^2}{r_2 + r_3}} \tag{2.43}$$

$$V_{a,1} = \sqrt{\frac{2k^2}{r_3} - \frac{2k^2}{r_1 + r_3}} \tag{2.44}$$

$$V_{a,2} = \sqrt{\frac{2k^2}{r_3} - \frac{2k^2}{r_2 + r_3}} \tag{2.45}$$

飞行器在初始圆轨道和目标圆轨道的轨道速度用 V_1 和 V_2 表示，根据能量方程式(2.5)，有

$$V_1 = \sqrt{\frac{k^2}{r_1}} \tag{2.46}$$

$$V_2 = \sqrt{\frac{k^2}{r_2}} \tag{2.47}$$

从而，双椭圆轨道转移三次脉冲的速度增量可分别表示为

$$\Delta V_1 = V_{p,1} - V_1 \tag{2.48}$$

$$\Delta V_2 = V_{a,2} - V_{a,1} \tag{2.49}$$

$$\Delta V_3 = V_{p,2} - V_2 \tag{2.50}$$

把式(2.42)和式(2.46)代入式(2.48)，并考虑到式(2.40)式(2.41)，整理得

$$\Delta V_1 = V_{p,1} - V_1 = \sqrt{\frac{2k^2}{r_1} - \frac{2k^2}{r_1 + r_3}} - \sqrt{\frac{k^2}{r_1}} = \sqrt{\frac{2k^2}{r_1} - \frac{2k^2}{r_1}\frac{1}{1+b}} - \sqrt{\frac{k^2}{r_1}} =$$

$$\sqrt{\frac{k^2}{r_1}}\left(\sqrt{2 - \frac{2}{1+b}} - 1\right) = \sqrt{\frac{k^2}{r_1}}\left(\sqrt{\frac{2b}{1+b}} - 1\right) \tag{2.51}$$

把式(2.44)和式(2.45)代入式(2.49)，并考虑到式(2.40)和式(2.41)，整理得

$$\Delta V_2 = V_{a,2} - V_{a,1} = \sqrt{\frac{2k^2}{r_3} - \frac{2k^2}{r_2 + r_3}} - \sqrt{\frac{2k^2}{r_3} - \frac{2k^2}{r_1 + r_3}} =$$

$$\sqrt{\frac{2k^2}{r_1}\frac{1}{b} - \frac{2k^2}{r_1}\frac{1}{a+b}} - \sqrt{\frac{2k^2}{r_1}\frac{1}{b} - \frac{2k^2}{r_1}\frac{1}{1+b}} =$$

$$\sqrt{\frac{k^2}{r_1}}\left[\sqrt{\frac{2}{b} - \frac{2}{a+b}} - \sqrt{\frac{2}{b} - \frac{2}{1+b}}\right] =$$

$$\sqrt{\frac{k^2}{r_1}}\left[\sqrt{\frac{2a}{b(a+b)}} - \sqrt{\frac{2}{b(1+b)}}\right] \tag{2.52}$$

把式(2.43)和式(2.47)代入式(2.50)，并考虑到式(2.40)和式(2.41)，整理得

$$\Delta V_3 = V_{p,2} - V_2 = \sqrt{\frac{2k^2}{r_2} - \frac{2k^2}{r_2 + r_3}} - \sqrt{\frac{k^2}{r_2}} =$$

$$\sqrt{\frac{2k^2}{r_1}\frac{1}{a} - \frac{2k^2}{r_1}\frac{1}{a+b}} - \sqrt{\frac{k^2}{r_1}\frac{1}{a}} =$$

$$\sqrt{\frac{k^2}{r_1}}\left[\sqrt{\frac{2b}{a(a+b)}}-\frac{1}{\sqrt{a}}\right] \tag{2.53}$$

结合式(2.51)~式(2.53),双椭圆轨道转移所需的总速度增量为

$$\Delta V_{双}=\Delta V_1+\Delta V_2+\Delta V_3=$$

$$\sqrt{\frac{k^2}{r_1}}\left[\sqrt{\frac{2b}{1+b}}-1+\sqrt{\frac{2a}{b(a+b)}}-\sqrt{\frac{2}{b(1+b)}}+\sqrt{\frac{2b}{a(a+b)}}-\frac{1}{\sqrt{a}}\right]=$$

$$\sqrt{\frac{k^2}{r_1}}\left[\sqrt{\frac{2}{b(1+b)}}(b-1)+\sqrt{\frac{2}{ab(a+b)}}(a+b)-1-\frac{1}{\sqrt{a}}\right]=$$

$$\sqrt{\frac{k^2}{r_1}}\left[-\sqrt{\frac{2}{b(1+b)}}(1-b)+\sqrt{\frac{2(a+b)}{ab}}-\frac{\sqrt{a}+1}{\sqrt{a}}\right]=$$

$$V_1\left[\sqrt{\frac{2(a+b)}{ab}}-\sqrt{\frac{2}{b(1+b)}}(1-b)-\frac{\sqrt{a}+1}{\sqrt{a}}\right] \tag{2.54}$$

类似地,我们把式(2.40)和式(2.41)代入式(2.39)并整理,得

$$\Delta V_{霍}=\sqrt{\frac{k^2}{r_1}}\left(\sqrt{\frac{2r_2}{r_1+r_2}}-1\right)+\sqrt{\frac{k^2}{r_2}}\left(1-\sqrt{\frac{2r_1}{r_1+r_2}}\right)=$$

$$\sqrt{\frac{k^2}{r_1}}\left(\sqrt{\frac{2a}{1+a}}-1\right)+\sqrt{\frac{k^2}{ar_1}}\left(1-\sqrt{\frac{2}{1+a}}\right)=$$

$$\sqrt{\frac{k^2}{r_1}}\left[\sqrt{\frac{2a}{1+a}}-1+\frac{1}{\sqrt{a}}-\sqrt{\frac{2}{a(1+a)}}\right]=$$

$$\sqrt{\frac{k^2}{r_1}}\left[a\sqrt{\frac{2}{a(1+a)}}-1+\frac{1}{\sqrt{a}}-\sqrt{\frac{2}{a(1+a)}}\right]=$$

$$V_1\left[(a-1)\sqrt{\frac{2}{a(1+a)}}-\frac{\sqrt{a}}{\sqrt{a}}\right] \tag{2.55}$$

为了分析比较双椭圆轨道转移与霍曼转移两种方式的能量消耗(速度增量),根据式(2.54)和式(2.55)定义以下函数:

$$y_1=\Delta V_{双}/V_1=\sqrt{\frac{2(a+b)}{ab}}-\sqrt{\frac{2}{b(1+b)}}(1-b)-\frac{\sqrt{a}+1}{\sqrt{a}} \tag{2.56}$$

$$y_2=\Delta V_{霍}/V_1=(a-1)\sqrt{\frac{2}{a(1+a)}}-\frac{\sqrt{a}-1}{\sqrt{a}} \tag{2.57}$$

设 $b=a+\delta$，其中 $\delta\in\mathbf{R}^+$，此时 y_1 和 y_2 均可看作为 a 的函数，定义

$$y(a)=y_1(a)-y_2(a) \tag{2.58}$$

根据式（2.56）～式（2.58）可知，当 $y>0$ 时，霍曼转移更省能量；当 $y<0$ 时，双椭圆轨道转移更省能量。

使用数学工具绘制 $y(a)$ 的函数曲线，如图 2.11 所示。整体上，$y(a)$ 随着 a 的增大而减小，选取的 δ 值不同（即 $b=a+\delta$ 不同），$y(a)$ 穿越零点的位置略有差异。根据子图可以看出，$y(a)$ 穿越零点的范围大约是 $a\in(11.94,15.58)$。

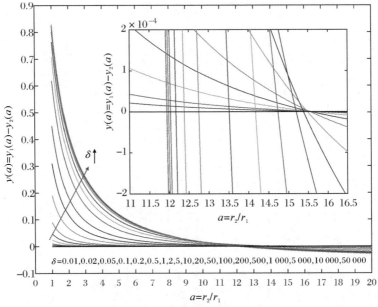

图 2.11　$y(a)$ 的函数曲线（$b>a>1$）

结论 2.1

（1）当 $1<a<11.94$ 时，$y(a)>0$，也就是说，当目标轨道半径 r_2 小于初始轨道半径 r_1 的 11.94 倍时，霍曼转移方式比双椭圆轨道转移方式更省能量；

（2）当 $a>15.58$ 时，$y(a)<0$，也就是说，当目标轨道半径 r_2 大于初始轨道半径 r_1 的 15.58 倍时，双椭圆轨道转移方式比霍曼转移更省能量；

（3）而当 $11.94<a<15.58$ 时，双椭圆轨道转移方式要更省能量，必须合理选取 b 的取值。

值得注意的是:以上分析只是理论结果,当 δ 很大时,可以想象双椭圆转移轨道的远拱点将可能突破引力中心的引力范围。而且虽然当轨道转移前后的轨道半径比大于 12 时,双椭圆轨道转移有可能更省能量,但双椭圆轨道转移所消耗的时间相对更长(会在 2.4 节中的飞行时间定理进行详细介绍)。

2.3.2.3 快速轨道转移

在轨服务与维护、在轨救援、交会对接、空间博弈等任务场景下,除了考虑节省燃料的问题,轨道转移的时间也是任务成败的关键因素之一。为了同时保证省燃料以及转移时间,通常采用与初始圆轨道相切、与目标圆轨道相交的椭圆轨道作为转移轨道,如图 2.12 所示。

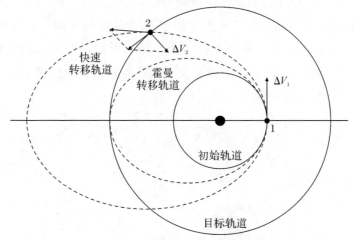

图 2.12 面内圆轨道间的快速转移轨道

快速轨道转移首先在初始轨道的 1 点施加第一个脉冲,使飞行器进入快速转移轨道。此时快速转移轨道的近拱点矢径 $r_p = r_1$,所需的速度增量为

$$\Delta V_1 = V_p - V_1 = \sqrt{\frac{2k^2}{r_1} - \frac{2k^2}{r_1 + r_a}} - \sqrt{\frac{k^2}{r_1}} \tag{2.59}$$

当飞行器沿快速转移轨道运行至与目标轨道相交的 2 点时,施加第二个脉冲,使飞行器进入目标圆轨道。此时所需的速度增量为

$$\Delta V_2 = V_{r,2} - V_2 = \sqrt{\frac{2k^2}{r} - \frac{2k^2}{r_1 + r_a}} - \sqrt{\frac{k^2}{r_2}} \tag{2.60}$$

根据式(2.59)和式(2.60)可知,快速转移轨道远拱点矢径 r_a 越大,轨道转

移所需的速度增量越大,转移时间越短。为了在能量消耗和转移时间之间平衡,必须选择适当的转移轨道。

2.4 Lambert 轨道转移

在引言中提到,开普勒三大定律是深空探测技术的基石,基于牛顿万有引力定律以及拉格朗日方程(牛顿运动定律推论)证明了开普勒三大定律。在第1章中,根据开普勒第一定律讨论了飞行器在引力场中的运动,即在发射阶段结束后,飞行器的运动完全由火箭发动机燃料耗尽点的条件决定,属于被动运动。本章中,根据开普勒第二定律的推论导出了能量方程,并基于此讨论飞行器的轨道平面机动和面内轨道转移问题,本质上属于主动运动。接下来将基于开普勒第三定律讨论飞行器运动的时间问题。

经典 Lambert 问题是在二体模型假设下,给定空间中两点相对于引力中心的位置和运动时间,设计一条通过这两点且转移时间满足要求的转移轨道,如图 2.13 所示。显然,Lambert 问题是关于飞行器轨道机动的两点边值问题,在空间交会、星际航行等领域中有广泛的应用。

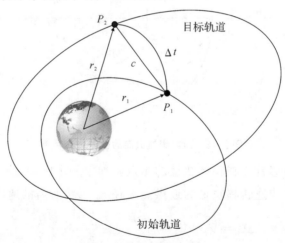

图 2.13 Lambert 问题

2.4.1 开普勒时间方程

如图 2.14 所示,飞行器在以 F 为引力中心的椭圆轨道上运行,以椭圆轨道的对称轴建立直角坐标系。

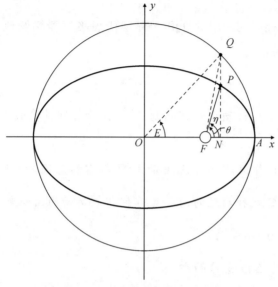

图 2.14 开普勒时间方程示意图

假设 2.1

为了分析问题方便,设一假想点,以椭圆轨道半长轴为半径、椭圆轨道中心为圆心做圆周运动,当飞行器在椭圆上运行一周时,假想点在辅助圆上也运行一周。进一步假设假想点和飞行器运行时的横坐标相同,即当飞行器沿椭圆轨道运行到某点 $P(x,y)$ 时,假想点沿辅助圆运行到 $Q(x,\overline{y})$ 点。

定义 2.6 偏近点角

图 2.14 中,与飞行器轨道参数的定义类似,定义假想点极径为引力中心指向假想点的向量长度,表示为 l,极角为假想点极径与 x 轴之间的夹角,表示为 η,当假想点运动到 Q 时,$l = FQ$,$\eta = \angle QFN$。此外,与真近点角 θ(为了简化公式,暂时舍去 θ_A 下角标)定义类似,定义 $\angle AOQ$ 为偏近点角,用 E 表示。

在图 2.14 中的直角坐标系下,飞行器的椭圆轨道方程和假想点的圆轨道方程可分别表示为

$$\frac{x^2}{a^2} + \frac{y^2}{b^2} = 1 \tag{2.61}$$

$$\frac{x^2}{a^2} + \frac{\overline{y}^2}{a^2} = 1 \qquad (2.62)$$

式(2.61)和式(2.62)中的 a 和 b 分别代表飞行器椭圆轨道的半长轴和半短轴，综合两式易得

$$\overline{y} = \frac{a}{b} y \qquad (2.63)$$

为了讨论 Lambert 轨道转移问题，首先讨论如何计算假想点从 A 运动到 Q 所需的时间。

 要计算假想点从 A 运动到 Q 所需的时间，如果知道假想点从 A 运动到 Q 极径扫过的面积 $\overline{A}$ 和假想点运动的面积变化率 $\dot{\overline{A}}$，则所需的时间即为 $t = \overline{A}/\dot{\overline{A}}$。

1. 假想点极径扫过的面积

根据图 2.14 中的几何关系，假想点从 A 运动到 Q 极径扫过的面积，即 $\overparen{QA}$、AF、FQ 围成区域的面积可表示为

$$\overline{A} = A_{扇形 AOQ} - A_{\triangle FOQ} = \frac{1}{2} a^2 E - \frac{1}{2} OF \cdot NQ =$$

$$\frac{1}{2} a^2 E - \frac{1}{2} ca \sin E =$$

$$\frac{1}{2} a^2 E - \frac{1}{2} a^2 e \sin E = \frac{1}{2} a^2 (E - e \sin E) \qquad (2.64)$$

2. 假想点极径扫过的面积变化率

假设 dt 时间内，假想点的极角变化为 $d\eta$，那么假想点极径扫过的面积变化率可表示为

$$\dot{\overline{A}} = \frac{d\overline{A}}{dt} = \left(\frac{1}{2} ll d\eta \right) / dt = \frac{1}{2} l^2 \dot{\eta} \qquad (2.65)$$

根据图 2.14 中的几何关系易知

$$r \cos\theta = l \cos\eta \Rightarrow l = r \frac{\cos\theta}{\cos\eta} \qquad (2.66)$$

把式(2.66)代入式(2.65)，得

$$\dot{\overline{A}} = \frac{1}{2} r^2 \frac{\cos^2\theta}{\cos^2\eta} \dot{\eta} \qquad (2.67)$$

又根据开普勒第二定律的证明过程可知,飞行器在轨运动矢径扫过的面积变化率为

$$\dot{A}=\frac{\mathrm{d}A}{\mathrm{d}t}=\frac{1}{2}h=\frac{1}{2}r^2\dot{\theta} \tag{2.68}$$

把式(2.68)代入式(2.67),整理得

$$\dot{\bar{A}}=\frac{h}{2}\frac{\cos^2\theta}{\cos^2\eta}\frac{\dot{\theta}}{\dot{\theta}} \tag{2.69}$$

根据几何关系以及式(2.63)易知

$$\tan\eta=\frac{\overline{y}}{FN}=\frac{a}{b}\frac{y}{FN}=\frac{a}{b}\tan\theta \tag{2.70}$$

性质 2.2

正切函数的导数计算公式为

$$\frac{\mathrm{d}}{\mathrm{d}t}\tan\alpha=\frac{1}{\cos^2\alpha}\dot{\alpha}$$

运用上述三角函数性质,对式(2.70)两端求时间导数可得

$$\frac{\dot{\eta}}{\cos^2\eta}=\frac{a}{b}\frac{\dot{\theta}}{\cos^2\theta} \tag{2.71}$$

把式(2.71)代入式(2.69),得

$$\dot{\bar{A}}=\frac{ah}{2b} \tag{2.72}$$

从而结合式(2.64)和式(2.72)可知假想点从 A 运动到 Q 所需的时间为

$$t=\frac{\overline{A}}{\dot{\bar{A}}}=\frac{a^2(E-e\sin E)/2}{ah/2b}=\frac{ab(E-e\sin E)}{h} \tag{2.73}$$

根据开普勒第三定律证明过程中的式(1.78)($A=h\tau/2$)、式(1.79)($A=\pi ab$)以及式(1.84)($\tau^2/a^3=4\pi^2/k^2$)可知

$$\frac{h}{ab}=\frac{2\pi}{\tau}=\sqrt{\frac{k^2}{a^3}} \tag{2.74}$$

定义 2.7 平均轨道角速度

根据开普勒第三定律以及式(2.74),定义平均轨道角速度为

$$n=\sqrt{\frac{k^2}{a^3}} \tag{2.75}$$

定理 2.2 开普勒时间方程

结合定义 2.7 以及式(2.74)，式(2.73)可改写为

$$nt = E - e\sin E \qquad (2.76)$$

式(2.76)被称为开普勒时间方程。

下面讨论偏近点角 E 和真近点角 θ 之间的关系。根据图 2.14 中的几何关系易知真近点角的正弦为 $\sin\theta = y/r$，而偏近点角的正弦为 $\sin E = \bar{y}/a$。考虑到式(2.63)中 $\bar{y} = ay/b$，所以偏近点角正弦可以改写为 $\sin E = y/b$，即 $b\sin E = r\sin\theta$。回顾式(1.53) $[a = p/(1-e^2)]$ 和式(1.80) $(b = a\sqrt{1-e^2})$，从而偏近点角的正余弦可以用真近点角的正、余弦表示为

$$\sin E = \frac{r}{b}\sin\theta = \frac{p\sin\theta}{b(1+e\cos\theta)} = \sqrt{1-e^2}\,\frac{\sin\theta}{1+e\cos\theta} \qquad (2.77)$$

$$\cos E = \sqrt{1-\sin^2 E} = \sqrt{\frac{1+e\cos\theta^2 - (1-e^2)\sin^2\theta}{1+e\cos\theta^2}} = \frac{e+\cos\theta}{1+e\cos\theta} \qquad (2.78)$$

根据三角函数万能公式

$$\tan\frac{E}{2} = \frac{\sin E}{1+\cos E} = \sqrt{\frac{1-e}{1+e}}\tan\frac{\theta}{2} = \sqrt{\frac{1-e}{1+e}}\frac{\sin\theta}{1+\cos\theta} \qquad (2.79)$$

根据以上三角函数表达式，尝试利用偏近点角的三角函数重新改写二体轨道方程。因为 $p = a(1-e^2)$，所以重新改写二体轨道方程并整理，得

$$r = \frac{p}{1+e\cos\theta} = \frac{a-ae^2}{1+e\cos\theta} = \frac{a-ae(e+\cos\theta)+ae\cos\theta}{1+e\cos\theta} = a-ae\cos E \qquad (2.80)$$

推论 2.9

二体轨道方程用偏近点角可表示为

$$r = a(1-e\cos E) \qquad (2.81)$$

2.4.2　Lambert 飞行时间定理

把 Lambert 轨道转移问题复述如下：已知初始轨道上的一点 P_1 和目标轨道上的一点 P_2，它们相对于引力中心 F 的极径大小分别为 r_1 和 r_2，P_1 和 P_2 之间的距离为 c(转移轨道上两点之间的弦长)，转移时间为 Δt。计算满足以上转移时间的双脉冲轨道转移速度增量。

由于初始轨道和目标轨道已知,则飞行器在初始轨道 P_1 点和目标轨道 P_2 点的飞行速度为已知。要计算双脉冲轨道转移速度增量,即要计算飞行器在转移轨道 P_1 和 P_2 两点上的速度 V_1 和 V_2(见图2.15)。

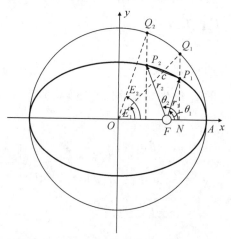

图 2.15　Lambert 轨道转移问题示意图

由于极径已知,根据能量方程,要计算飞行器在转移轨道 P_1 和 P_2 两点上的速度 V_1 和 V_2,只要知道转移轨道的半长轴 a 即可。首先考虑已知条件。

1.飞行器在 P_1 和 P_2 两点的极径

根据偏近点角表示的二体轨道方程式(2.81)可知

$$r_1 = a(1 - e\cos E_1) \tag{2.82}$$

$$r_2 = a(1 - e\cos E_2) \tag{2.83}$$

性质 2.3

三角函数的和差化积公式为

$$\sin a + \sin b = 2\sin\frac{a+b}{2}\cos\frac{a-b}{2}$$

$$\sin a - \sin b = 2\cos\frac{a+b}{2}\sin\frac{a-b}{2}$$

$$\cos a + \cos b = 2\cos\frac{a+b}{2}\cos\frac{a-b}{2}$$

$$\cos a - \cos b = -2\sin\frac{a+b}{2}\sin\frac{a-b}{2}$$

式(2.82)和式(2.83)两端对应相加,并应用三角函数和差化积公式,有

$$r_1 + r_2 = 2a\left[1 - \frac{e}{2}(\cos E_2 + \cos E_1)\right] =$$

$$2a(1 - e\cos G\cos g) = 2a(1 - \cos j\cos g) \qquad (2.84)$$

式中:$G = \dfrac{E_2 + E_1}{2}$;$g = \dfrac{E_2 - E_1}{2}$;$\cos j = e\cos G$。

2. P_1 和 P_2 两点间的弦长

设 P_1 和 P_2 两点的直角坐标分别为 (x_1, y_1) 和 (x_2, y_2),根据几何关系易得

$$\left.\begin{array}{l} x_1 = a\cos E_1 \\ y_1 = \dfrac{b}{a}a\sin E_1 = a\sqrt{1 - e^2}\sin E_1 \end{array}\right\} \qquad (2.85)$$

$$\left.\begin{array}{l} x_2 = a\cos E_2 \\ y_2 = \dfrac{b}{a}a\sin E_2 = a\sqrt{1 - e^2}\sin E_2 \end{array}\right\} \qquad (2.86)$$

弦长 c 可以根据 P_1 和 P_2 两点的直角坐标表示,结合三角函数和差化积公式可知

$$c^2 = (x_2 - x_1)^2 + (y_2 - y_1)^2 =$$

$$a^2(\cos E_2 - \cos E_1)^2 + a^2(1 - e^2)(\sin E_2 - \sin E_1)^2 =$$

$$4a^2\sin^2 G\sin^2 g + 4a^2(1 - e^2)\cos^2 G\sin^2 g =$$

$$4a^2\sin^2 g - 4a^2 e^2\cos^2 G\sin^2 g =$$

$$4a^2\sin^2 g - 4a^2\cos^2 j\sin^2 g =$$

$$4a^2\sin^2 g(1 - \cos^2 j) = 4a^2\sin^2 g\sin^2 j \qquad (2.87)$$

从而弦长 c 可表示为

$$c = 2a\sin g\sin j \qquad (2.88)$$

性质 2.4

三角函数(余弦)两角和差公式

$$\cos(a + b) = \cos a\cos b - \sin a\sin b$$

$$\cos(a - b) = \cos a\cos b + \sin a\sin b$$

式(2.84)和式(2.88)两端对应相加,并利用三角函数(余弦)的两角和差公

式和半角公式,得

$$r_1 + r_2 + c = 2a[1 - \cos j \cos g] + 2a \sin g \sin j =$$
$$2a[1 - \cos(j + g)] = 4a \sin^2(\varepsilon/2) \tag{2.89}$$

式中:$\varepsilon = j + g$。

式(2.84)和式(2.88)两端对应相减,并利用三角函数(余弦)的两角和差公式和半角公式,得

$$r_1 + r_2 - c = 2a(1 - \cos j \cos g) - 2a \sin g \sin j =$$
$$2a[1 - \cos(j - g)] = 4a \sin^2(\delta/2) \tag{2.90}$$

式中:$\delta = j - g$。

定义 2.8 △FP_1P_2 半周长

引入参数 s 表示△FP_1P_2 半周长

$$s = \frac{r_1 + r_2 + c}{2} \tag{2.91}$$

根据式(2.89)和式(2.90),并考虑到定义(2.91),得

$$\sin \frac{\varepsilon}{2} = \sqrt{\frac{s}{2a}} \tag{2.92}$$

$$\sin \frac{\delta}{2} = \sqrt{\frac{s - c}{2a}} \tag{2.93}$$

由式(2.92)和式(2.93)可知,ε 和 δ 与转移轨道半长轴 a 有关,利用反三角函数可以确定 ε 和 δ 与 a 的关系。值得注意的是,由于反三角函数具有周期性,其取值应符合一定的规则。

根据开普勒时间方程式(2.76),有

$$nt_1 = E_1 - e \sin E_1 \tag{2.94}$$

$$nt_2 = E_2 - e \sin E_2 \tag{2.95}$$

式(2.95)和式(2.94)两端对应相减,并应用三角函数和差化积公式,有

$$n(t_2 - t_1) = n\Delta t = (E_2 - E_1) - e(\sin E_2 - \sin E_1) =$$
$$2g - 2e \cos G \sin g = 2g - 2 \cos j \sin g \tag{2.96}$$

考虑到 $\varepsilon = j + g$,$\delta = j - g$,从而有 $j = (\varepsilon + \delta)/2$,$g = (\varepsilon - \delta)/2$。将其代入式(2.96),利用三角函数积化和差公式,得

$$n\Delta t=2g-2\cos j\sin g=(\varepsilon-\delta)-2\cos\frac{\varepsilon+\delta}{2}\sin\frac{\varepsilon-\delta}{2}=$$

$$(\varepsilon-\delta)-(\sin\varepsilon-\sin\delta)=(\varepsilon-\sin\varepsilon)-(\delta-\sin\delta) \tag{2.97}$$

定理 2.3 Lambert 飞行时间定理

根据平均轨道角速度的定义式(2.75),式(2.97)可改写为

$$k\Delta t=a^{\frac{3}{2}}\left[(\varepsilon-\sin\varepsilon)-(\delta-\sin\delta)\right] \tag{2.98}$$

式(2.98)被称为 Lambert 飞行时间定理。

根据 Lambert 飞行时间定理,有以下结论。

结论 2.2

当 P_1 和 P_2 两点的极径 r_1、r_2,它们之间的弦长 c 以及转移时间 Δt 已知时,式(2.98)所有项均只与转移轨道半长轴 a 有关。理论上解方程式(2.98)可求出转移轨道半长轴 a,进而根据能量方程确定飞行器在转移轨道上 P_1 和 P_2 两点时的轨道速度 V_1、V_2。此外,根据能量方程易知飞行器在初始轨道 P_1 点和目标轨道 P_2 点的速度,从而可获得给定轨道转移时间和转移点的双脉冲轨道转移速度增量。

Lambert 椭圆转移轨道可以按照虚焦点的位置分为以下几类(见图2.16)。

(1)当虚焦点位于转移弦上时,称该转移轨道为最小能量轨道;

(2)当虚焦点位于转移弦与转移弧构成的区域以外时,称该转移轨道为第Ⅰ类转移轨道;

(3)当虚焦点位于转移弦与转移弧构成的区域以内时,称该转移轨道为第Ⅱ类转移轨道。

1778 年,拉格朗日(Lagrange)首次求得 Lambert 问题的解析解,因此 ε 和 δ 也被称为拉格朗日参数。式(2.98)即为当转移轨道为椭圆时的 Lambert 问题解析解,同时他还给出了当转移轨道为抛物线轨道和双曲线轨道的 Lambert 问题解析解,分别为

$$k\Delta t=\frac{\sqrt{2}}{3}\left[s^{\frac{3}{2}}-(s-c)^{\frac{3}{2}}\right] \tag{2.99}$$

$$k\Delta t = -a^{\frac{3}{2}}\left[(\sinh\varepsilon - \varepsilon) - (\sinh\delta - \delta)\right] \tag{2.100}$$

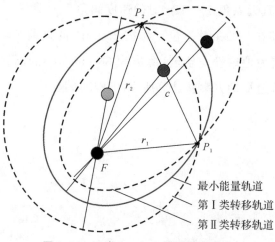

图 2.16　三类 Lambert 椭圆转移轨道

　　值得注意的是,如果给定的轨道转移时间过长,求解得到的 Lambert 转移轨道将具有较大的偏心率,这种转移轨道会使轨道转移所需的速度增量剧增。此时则需将问题转化为多圈 Lambert 转移问题。椭圆轨道的多圈 Lambert 飞行时间定理为

$$k\Delta t = a^{\frac{3}{2}}\left[2N\pi + (\varepsilon - \sin\varepsilon) - (\delta - \sin\delta)\right]$$

读者可查阅相关资料了解更多细节。

练 习 题

1.设飞行器的二体轨道方程为

$$r = \frac{1.050\ 6 \times 10^7}{1 + 0.465\ 4\cos(\theta + 8.96°)}$$

计算:

(1)飞行器在轨道近拱点时的速度大小;

(2)飞行器在轨道远拱点时的速度大小;

（3）飞行器在真近点角 $\theta_A = 120°$ 时的速度大小；

（4）飞行器在真近点角 $\theta_A = 120°$ 时的速度倾角。

2.假设飞行器在初始条件下位于海拔 350 km 的近地圆轨道上,轨道倾角为51.2°,目标轨道为地球静止轨道(海拔为 36 000 km 的圆轨道,轨道倾角为0°),设计三脉冲轨道机动方案并计算所需的速度增量。

第3章 行星际轨道

前面分析讨论了飞行器在单个引力中心影响下的轨道方程及轨道机动,为了实现行星际飞行,飞行器必须脱离发射星体引力范围。

3.1 行星脱离轨道

脱离发射星体引力范围的方法是使飞行器具有抛物线轨道或双曲线轨道。实际中由于空间存在轨道摄动因素,几乎所有的行星际飞行器都是以双曲线轨道脱离发射星体的,所以,本章主要研究行星际飞行器以双曲线轨道脱离的相关问题。

能量方程式(2.5)对于圆锥曲线轨道均成立。对于抛物线轨道,半长轴 a 为无穷大,轨道速度为 $\sqrt{2k^2/r}$,该速度称为脱离速度或逃逸速度。

定义 3.1 脱离速度

定义飞行器行星际轨道的脱离速度或逃逸速度为

$$V_{es} = \sqrt{\frac{2k^2}{r}} \tag{3.1}$$

对于双曲线轨道来说,半长轴 a 为负值,其轨道速度大于抛物线轨道速度或脱离速度。为此引入双曲线轨道剩余速度的概念,即当飞行器到达无穷远处时的速度。

定义 3.2 剩余速度

定义飞行器行星际轨道的剩余速度为

$$V_\infty = \sqrt{-\frac{k^2}{a}} \tag{3.2}$$

根据式(3.1)和式(3.2),双曲线轨道的能量方程可改写为

$$V = \sqrt{V_{es}^2 + V_\infty^2} \tag{3.3}$$

值得注意的是脱离速度 V_{es} 和剩余速度 V_{∞} 都是相对于脱离星体而言的。

【例 3.1】 轨道方程为 $r = \dfrac{2.04 \times 10^7}{1 + 1.96 \cos(\theta + 14.76°)}$（见例 1.1），求该飞行器脱离地球的剩余速度。

解 根据半长轴的计算公式可知

$$a = \frac{p}{1 - e^2} = \frac{2.04 \times 10^7}{1 - 1.96^2} \text{ m} = -7.179 \times 10^6 \text{ m}$$

把半长轴 a 和 $k^2 = 3.986 \times 10^{14} \text{ m}^3/\text{s}^2$ 代入式（3.2），得

$$V_{\infty} = \sqrt{-\frac{k^2}{a}} = \sqrt{\frac{3.986 \times 10^{14}}{7.179 \times 10^6}} \text{ m/s} = 7.45 \text{ km/s}$$

由此可见，例 1.1 中火箭助推器燃料耗尽时为飞行器提供了 13 km/s 的初速度，到飞行器脱离地球时相对地球的剩余速度为 7.45 km/s。

3.2 日心转移轨道

在引言中提到太阳的引力影响范围为 1 光年～3 光年，以目前的科学技术水平，人造飞行器要飞出太阳引力影响范围需要成千上万年。因此，人们讨论的基本上都是太阳系内星体的探测，而当飞行器脱离出发星体引力范围，且未到达目标星体前时，可以近似地认为仅受太阳引力影响，飞行器以太阳为引力中心的转移轨道通常称为日心转移轨道，如图 3.1 所示。

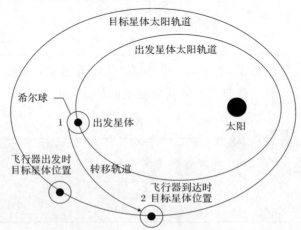

图 3.1 日心转移轨道示意图

假设出发星体相对于太阳的速度用 $\boldsymbol{V}_{dp}$ 表示，目标星体相对于太阳的速度

用 V_{tp} 表示, 飞行器相对于出发星体的脱离轨道剩余速度为 $V_{\infty,dp}$, 飞行器相对于目标星体的脱离轨道剩余速度为 $V_{\infty,tp}$, 则在脱离出发星体引力范围瞬间（1 点）飞行器相对于太阳的速度 V_1, 以及在进入目标星体引力范围瞬间（2 点）飞行器相对于太阳的速度 V_2 可表示为

$$V_1 = V_{\infty,dp} + V_{dp} \tag{3.4}$$

$$V_2 = V_{\infty,tp} + V_{tp} \tag{3.5}$$

定义 3.3 圆锥曲线拼接法

由于出发星体和目标星体的引力范围相对于它们轨道之间的距离要小得多, 所以在行星际飞行任务的日心转移轨道初步设计中, 经常简单地忽略这些星体的引力范围, 从而把行星际任务划分为多个二体问题来分析, 然后分别设计相应的轨道, 最后再把这些轨道拼接起来, 这种方法称为圆锥曲线拼接法。

太阳系各行星相关天文数据见表 3.1。

表 3.1 太阳系各行星相关天文数据

行 星	半径/km	轨道半长轴/AU*	希尔球半径/km	希尔球半径/轨道半长轴
水星	2 440	0.387 098	112 409	0.001 9
金星	6 052	0.723 329	616 277	0.005 7
地球	6 378	1.000 001	924 647	0.006 2
火星	3 397	1.523 679	577 231	0.002 5
木星	71 492	5.202 603	48 204 698	0.061 9
土星	60 268	9.554 909	54 553 723	0.038 2
天王星	25 559	19.218 446	51 771 106	0.018 0
海王星	24 764	30.110 386	86 696 170	0.019 2

注：* 2012 年国际天文学联合大会定义天文单位 AU 为常数, 1 AU = 149 597 870.7 km。

圆锥曲线拼接法一般可分为三个步骤：

（1）设计日心转移轨道。日心转移轨道原则上是可以随意调整的, 甚至不必与出发星体和目标星体的太阳轨道共面。为了节省能量, 在忽略出发星体和目标星体后, 日心转移轨道可采用类似霍曼转移的方法, 设计与出发星体和目标星体太阳轨道都相切的转移轨道, 从而确定 V_1 和 V_2。

（2）设计出发星体的脱离轨道。根据出发星体的太阳轨道速度以及式 (3.4) 计算飞行器脱离出发星体的剩余速度 $V_{\infty,dp}$, 从而确定脱离轨道。

（3）设计目标星体的进入轨道。根据目标星体的太阳轨道速度以及式

(3.5)计算飞行器进入目标星体的剩余速度 $V_{\infty,\text{tp}}$,从而确定进入轨道。

3.3 引力辅助机动

在航天飞行中,飞行器由于受发射质量的限制,只能携带有限的轨道发动机和姿态发动机燃料,而且绝大部分飞行器都无法获得在轨补给,特别是在星际飞行中,飞行器自身携带的燃料更显得弥足珍贵。那么空间是否还存在其他资源可为飞行器的星际飞行提供辅助呢?

考虑下面这种情况,如图 3.2 所示,当飞行器沿日心转移轨道飞行时,闯入了一颗其他星体的引力影响范围,此时可简化为飞行器和该星体的二体问题。假设飞行器进入引力范围的瞬间相对于这颗星体的速度为 $V_{\infty,\text{A}}$,那么该飞行器将以双曲线轨道绕该星体运动。

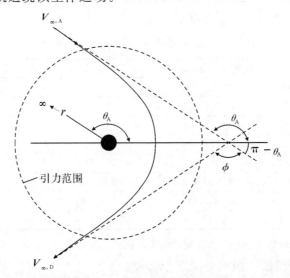

图 3.2 日心轨道飞行器进入和脱离星体引力范围示意图

进一步设飞行器脱离该星体的剩余速度为 $V_{\infty,\text{D}}$,则飞行器相对于星体的速度矢量的变化量可表示为

$$\Delta V = V_{\infty,\text{D}} - V_{\infty,\text{A}} \tag{3.6}$$

由于该二体系统为保守系统,所以当飞行器脱离该星体时的剩余速度 $V_{\infty,\text{D}}$ 应与进入瞬间的速度 $V_{\infty,\text{A}}$ 大小相等,而根据图 3.2,$V_{\infty,\text{A}}$ 与 $V_{\infty,\text{D}}$ 在方向上存在夹角 ϕ,称为转弯角。

根据上述分析,有以下结论。

结论 3.1

当飞行器进入和脱离星体的引力影响范围时,飞行器相对于该星体的速度大小不变,而速度矢量方向发生改变。

上面分析了飞行器相对于星体进入和脱离时的速度,下面进一步分析飞行器相对于太阳的速度变化情况。假设星体本身相对于太阳的速度为 V_p,飞行器进入星体引力范围瞬间相对于太阳的速度用 $V_{S,A}$ 表示,飞行器脱离星体引力范围瞬间相对于太阳的速度用 $V_{S,D}$ 表示,则有速度矢量方程

$$V_{S,A} = V_p + V_{\infty,A} \tag{3.7}$$

$$V_{S,D} = V_p + V_{\infty,D} \tag{3.8}$$

式(3.8)与式(3.7)两端对应相减,并结合式(3.6),可知

$$V_{S,D} - V_{S,A} = V_{\infty,D} - V_{\infty,A} = \Delta V \tag{3.9}$$

由式(3.9)可见,飞行器相对于太阳和星体的速度变化量是一样的。飞行器相对于太阳的速度矢量图如图 3.3 所示,明显可见飞行器相对于太阳的速度大小和方向在进入和脱离星体时均发生改变。

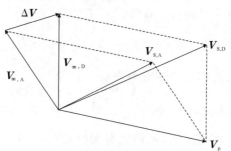

图 3.3　引力辅助机动速度矢量图

定义 3.4　引力辅助机动

根据轨道机动中相关知识,速度变化是需要消耗能量的,这部分能量由星体提供。借助星体引力而产生的飞行器机动称为引力辅助机动,有时也称为引力弹弓、近旁飞行、近旁转弯。

 由于星体质量远大于飞行器质量,所以消耗的能量不会对星体造成显著影响。引力辅助机动对深空探测任务至关重要。

分析引力辅助的速度矢量图可知,由于星体沿太阳轨道运行,如果飞行器

从星体运行后方进入星体引力范围,则飞行器相对于太阳的速度大小会增加,更直观地说就是星体的引力会对飞行器产生拖曳作用;相反,如果飞行器从星体运行前方进入星体引力范围,则飞行器相对于太阳的速度会减小。由此可见,星体的引力辅助可以改变飞行器的能量。

上面定性地分析了引力辅助对飞行器能量改变的作用,下面具体定量分析计算引力辅助中飞行器的速度变化量。根据飞行器速度变化情况,如图 3.4 所示,易知

$$\frac{\Delta \boldsymbol{V}}{2} = \boldsymbol{V}_{\infty,A} \sin \frac{\phi}{2} \tag{3.10}$$

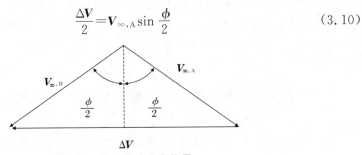

图 3.4　飞行器速度变化量

另外根据图 3.2 中的几何关系,双曲线轨道渐近线与轨道对称轴的夹角和无穷远处的真近点角 θ_A 相同,且 ϕ 和 θ_A 存在以下关系

$$\theta_A = \phi + \pi - \theta_A \quad \Rightarrow \quad \frac{\phi}{2} = \theta_A - \frac{\pi}{2} \tag{3.11}$$

把式(3.11)代入式(3.10)并整理得

$$\Delta \boldsymbol{V} = 2\boldsymbol{V}_{\infty,A} \sin\left(\theta_A - \frac{\pi}{2}\right) = -2\boldsymbol{V}_{\infty,A} \cos\theta_A \tag{3.12}$$

根据圆锥曲线标准形式知,极径无穷大时,有

$$1 + e\cos\theta_A = 0 \tag{3.13}$$

从而可知无穷远处的真近点角满足:

$$\cos\theta_A = -\frac{1}{e} \tag{3.14}$$

把式(3.14)代入式(3.12),得

$$\Delta \boldsymbol{V} = \frac{2\boldsymbol{V}_{\infty,A}}{e} \tag{3.15}$$

由此可见,如果确定了飞行器相对于星体的进入速度 $\boldsymbol{V}_{\infty,A}$ 和双曲线轨道偏心率 e,就可以计算引力辅助机动所产生的飞行器速度变化量 $\Delta \boldsymbol{V}$。通常,根据星体和飞行器相遇前各自的日心轨道,容易计算出星体相对于太阳的速度

V_p 以及飞行器进入星体引力范围前相对于太阳的速度 $\boldsymbol{V}_{S,A}$,然后根据式(3.7)就可以计算出飞行器进入引力范围时相对于星体的速度 $\boldsymbol{V}_{\infty,A}$。为了计算飞行器相对于星体的双曲线轨道偏心率,引入错开距离的概念,用 d 表示。

定义 3.5　错开距离

　　错开距离是指当星体引力不对飞行器产生任何影响,飞行器沿原来日心轨道运行时与星体的最近距离(见图 3.5)。

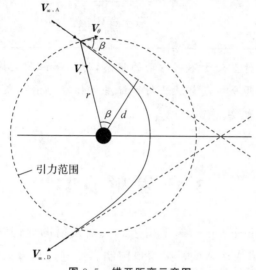

图 3.5　错开距离示意图

　　如图 3.5 所示,根据飞行器和相遇星体的日心轨道,容易获得错开距离的值。根据二体轨道特性,飞行器在双曲线轨道上的单位质量角动量可表示为

$$h = r\boldsymbol{V}_\theta = r\boldsymbol{V}_{\infty,A}\cos\beta = r\cos\beta\boldsymbol{V}_{\infty,A} = d\boldsymbol{V}_{\infty,A} \tag{3.16}$$

另外,根据式(3.2)可知

$$\boldsymbol{V}_{\infty,A}^2 = -\frac{k^2}{a} \tag{3.17}$$

把半长轴 a 的表达式(1.53)代入式(3.17),得

$$\boldsymbol{V}_{\infty,A}^2 = -\frac{k^2(1-e^2)}{h^2/k^2} \tag{3.18}$$

化简整理,得

$$e^2 = 1 + \frac{h^2}{k^4}\boldsymbol{V}_{\infty,A}^2 \tag{3.19}$$

把式(3.16)代入式(3.19),可知

$$e^2 = 1 + \frac{d^2}{k^4} V_{\infty,A}^4 \qquad (3.20)$$

根据式(3.20)就可以确定飞行器与星体相遇后的双曲线轨道偏心率,代入式(3.15)就可以求得引力辅助机动所带来的速度增量。

推论 3.1

当飞行器进入某星体引力范围时,引力辅助机动带来的速度增量为

$$\Delta V = \frac{2 V_{\infty,A}}{\sqrt{1 + \frac{d^2}{k^4} V_{\infty,A}^4}} \qquad (3.21)$$

由于行星处于不断运动的状态,为了保证深空探测飞行器能在时间和空间两个维度都满足与目标星体精准相遇的条件,选择发射时机显得至关重要。

3.4 发射窗口

发射窗口(Launch window)是指运载火箭发射的允许时间范围。对运载火箭本身来说,没有太严格的发射窗口限制。在进行运载火箭发射试验时,一般都选在傍晚或黎明发射,因为这时太阳处在地平线附近,发射场区及火箭飞行路过地区的天空比较暗淡,而火箭点火升空到一定高度后就能受到阳光照射,反射阳光的箭体与背景天空形成较大的反差,从而使地面的光学跟踪测量仪器可以清晰地跟踪测量火箭的飞行轨迹,观察火箭飞行中的姿态和外部形象,跟踪测量和观察效果比较好。

而航天器的发射窗口则是根据多种限制条件经综合分析计算后确定的,一般可分为三类,即年窗口、月窗口和日窗口。年窗口是以指定的某年内连续的月数表示,适用于星际探测任务;月窗口是以确定的某月内连续的天数表示,适用于行星和月球探测任务;日窗口是以某日内连续的小时表示,适用于各种航天器。以上三种发射窗口可能要同时计算,但最终以日窗口决定发射时机。此外,对于空间轨道交会对接等时间精准度要求较高的任务,还涉及一种零窗口,即预先计算好发射时间,要求火箭点火升空时间分秒不差。

3.4.1 行星会合周期

确定发射窗口,实际上是根据约束条件来确定飞行轨道与特定对象之间的相对位置,同时选择适当的发射环境条件。影响航天器发射窗口的约束条件很多,如:航天器任务目标,航天器太阳能供电要求、温控要求,发射场气象条件,地面跟踪测量条件,等等。其中对于行星际轨道,地球与目标天体相对位置的要求是航天器发射窗口最重要的约束之一。

为了分析行星际探测任务中出发星体与目标星体的相对位置,首先假设两颗行星 A,B 均运行在日心轨道上,且二者轨道共面,如图 3.6 所示,选择一个共同的拱线作为基准,并记零时刻两个星体相对于共同拱线的角位置分别为 θ_{A0} 和 θ_{B0}。

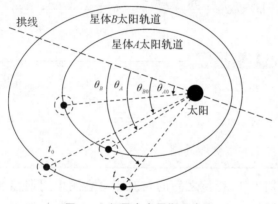

图 3.6 行星会合周期示意图

设两个星体的平均角速度为 ω_A 和 ω_B,则经过时间 t 后两个星体相对共同拱线的角位置分别为

$$\theta_A = \theta_{A0} + \omega_A t \tag{3.22}$$

$$\theta_B = \theta_{B0} + \omega_B t \tag{3.23}$$

定义两个行星角位置差为

$$\phi \stackrel{\text{def}}{=} \theta_B - \theta_A = (\theta_{B0} - \theta_{A0}) + (\omega_B - \omega_A)t \stackrel{\text{def}}{=} \phi_0 + \omega_{BA}t \tag{3.24}$$

其中:$\phi_0 = \theta_{B0} - \theta_{A0}$ 为零时刻两个星体的角位置差;$\omega_{BA} = \omega_B - \omega_A$ 为行星 B 相对于行星 A 的角速度。

根据式(3.24)可知,ϕ 与时间 t 成线性关系,则必然经过一段时间后 $\phi = \phi_0 + 2k\pi$,即两个行星经过一段时间后的相对角位置差与零时刻相同,或者说两个行星之间的相对角位置差会发生周期性变化。

根据开普勒第三定律可知,轨道周期可表示为

$$\frac{T^2}{a^3} = \frac{4\pi^2}{k^2} \quad \Rightarrow \quad T = \frac{2\pi}{\sqrt{k^2/a^3}} \tag{3.25}$$

式中:$\sqrt{k^2/a^3}$ 称为轨道的平均角速度。

设 T_A,T_B 分别为两个行星的轨道周期,则两个行星的轨道平均角速度为

$$\omega_A = \frac{2\pi}{T_A} \tag{3.26}$$

$$\omega_B = \frac{2\pi}{T_B} \tag{3.27}$$

把式(3.26)和式(3.27)代入式(3.24),可得

$$\phi = \phi_0 + \left(\frac{2\pi}{T_B} - \frac{2\pi}{T_A}\right)t = \phi_0 + \frac{2\pi}{\dfrac{T_A T_B}{T_A - T_B}}t \tag{3.28}$$

定义3.6　行星会合周期

根据式(3.28),定义

$$T \stackrel{\text{def}}{=\!=\!=} \left|\frac{T_A T_B}{T_A - T_B}\right| \tag{3.29}$$

T 称为两个行星的会合周期。

根据会合周期可知,行星之间的相对距离会发生周期性变化,太阳系各行星之间的会合周期见表3.2。实际上受轨道偏心率、轨道倾角、空间摄动等因素的影响,行星相对距离存在一定程度的波动。以火星为例,2020 年 1 月 1 日—2039 年 12 月 31 日地球与火星的相对距离变化规律大致如图3.7所示,可以看出每过约 26 个月,地球与火星之间的距离将达到一次极小值。

表 3.2　地球与太阳系各行星之间的会合周期 　　　　　　　　单位:天

行星	金星	地球	火星	木星	土星	天王星	海王星
水星	144.566 4	115.879 0	100.888 3	89.792 5	88.694 5	88.222 2	88.098 1
金星		583.956 6	333.921 2	236.991 8	229.493 3	226.358 0	225.542 8
地球			779.871 8	398.867 4	378.076 1	369.641 5	367.472 4
火星				816.435 5	733.832 8	702.710 1	694.912 1
木星					7 253.119 3	5 044.757 4	4 668.656 5
土星						16 568.945 3	13 102.266 9
天王星							62 622.118 2

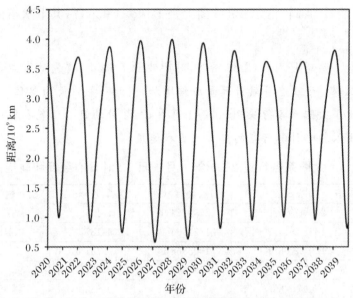

图 3.7 地球到火星相对距离的变化趋势(2020－2039 年)

3.4.2 Pork‐Chop 图

前面分析了两个行星的会合周期,下面以火星探测为例,介绍一种确定最佳发射窗口以及到达窗口的穷举式搜索方法——Pork‐Chop 图。假设日心系下,地球和火星都可看作为质点,探测器探测火星的日心转移轨道可以根据 Lambert 转移问题进行设计。由于地球和火星的日心系位置矢量随时间不断变化,不同的地球发射时间和火星到达时间将在很大程度上影响轨道转移的两次脉冲大小。Pork‐Chop 图的绘制方法可分为以下五步:

(1)设 x 轴为地球的发射时间,y 轴为从地球到火星的飞行时间;

(2)以时间步长 t_s 网格化 xy 平面,根据星历可知地球和火星在每个网格中的日心系位置和速度矢量;

(3)对每个网格利用 Lambert 飞行时间定理得到探测器相对于太阳的速度 V_1(出发时)和 V_2(达到时)以及轨道转移两次脉冲速度冲量 $\Delta V_1 = V_1 - V_{地}$ 和 $\Delta V_2 = V_2 - V_{火}$;

(4)定义发射能量为 $C3_d = (\Delta V_1)^2$,到达能量为 $C3_a = (\Delta V_2)^2$,以这两个变量为 z 轴,能得到两个能量曲面;

（5）将能量曲面转化为等高线图就是 Pork‒Chop 图,其形状类似猪排,因而得名。

绘制 Pork‒Chop 图时,时间步长 t_s 越小,得到的窗口期越精确,但取得过小会导致计算量成倍增加,因此一般以天为单位。表 3.3 列出了太阳系各行星 2000 年 1 月 1 日 12 时的日心位置和轨道周期,可用来粗略计算行星的日心位置和速度。

表 3.3　太阳系各行星 2000 年 1 月 1 日 12 时日心经度和轨道周期

行星	日心经度	日心经度/(°)	弧度/rad	公转轨道周期/天
水星	253°47′05.8″	253.784 9	4.429 4	87.969 3
金星	182°36′14.7″	182.604 1	3.187 0	224.700 6
地球	100°22′08.1″	100.368 9	1.751 8	365.242 2
火星	359°26′51.9″	359.447 8	6.273 5	686.979 7
木星	36°17′40.8″	36.294 7	0.633 5	4 332.553 9
土星	45°43′20.1″	45.722 3	0.798 0	10 759.742
天王星	316°25′07.2″	316.418 7	5.522 5	30 688.817
海王星	303°55′43.9″	303.928 9	5.304 6	60 181.649

假设地球发射时间为 2024 年 1 月 1 日—2030 年 1 月 1 日,地球到火星的飞行时间为 100～700 天,使用上述步骤绘制地球到火星发射能量 $C3_d$ 的等高线图如图 3.8 所示。为了保证任务的可行性,地球发射能量应满足 $C3_d \leq 30 \text{ km}^2/\text{s}^2$。

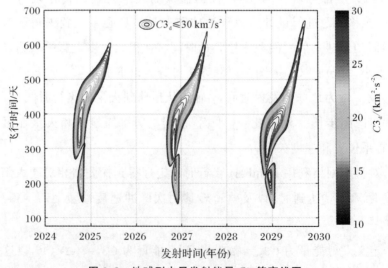

图 3.8　地球到火星发射能量 $C3_d$ 等高线图

通过观察图 3.8 可以发现:①飞行时间越短则发射能量越大;②发射能量随发射时间呈周期性变化,其周期约为两年;③发射能量局部最小即对应地球发射窗口。从图 3.8 中可以看出 2024—2030 年发射能量局部最优,共有 6 个发射窗口,各发射窗口及飞行时间、发射能量见表 3.4。

表 3.4 2024—2030 年火星探测地球发射能量局部最优发射窗口

序 号	发射时间	飞行时间/天	发射能量/(km² · s⁻²)
1	2024 - 10 - 05	345	11.113 1
2	2024 - 10 - 13	220	17.792 7
3	2026 - 10 - 31	293	9.183 5
4	2026 - 11 - 13	271	10.701 5
5	2028 - 12 - 11	332	9.000 6
6	2028 - 12 - 11	222	9.026 0

火星探测器到达火星需进行减速,因此常常对到达能量有一定的限制,一般要求到达能量满足 $C3_a \leqslant 60 \text{ km}^2/\text{s}^2$。进一步绘制地球到火星到达能量 $C3_a$ 的等高线图如图 3.9 所示。通过观察图 3.9 可以发现 2024—2030 年到达能量局部最优也对应有 6 个发射窗口,各发射窗口及飞行时间、到达能量见表 3.5。

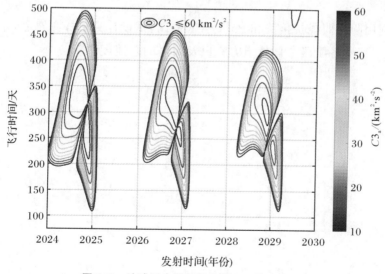

图 3.9 地球到火星到达能量 $C3_a$ 等高线图

表 3.5　2024—2030 年火星探测地球到达能量局部最优发射窗口

序　号	发射时间	飞行时间/天	到达能量/(km^2·s^{-2})
1	2024 - 09 - 17	334	5.832 6
2	2024 - 11 - 03	275	5.793 5
3	2026 - 11 - 07	305	6.574 0
4	2026 - 11 - 27	264	8.598 3
5	2028 - 11 - 20	302	8.796 9
6	2029 - 01 - 16	231	12.862 5

　　通过对比表 3.4 和表 3.5 不难看出,发射能量局部最优和到达能量局部最优对应的发射窗口日期存在一定差异,因此在发射窗口确定时,需综合考虑飞行时间、发射能量、到达能量,并根据任务需求对发射窗口进行合理设计。

练 习 题

　　1.简述圆锥曲线拼接法的步骤。

　　2.简述 Pork - Chop 图的绘制流程。

　　3.结合速度矢量图,简述引力辅助机动对飞行器加速、减速的条件。

　　4.推导引力辅助给飞行器带来的速度增量表达式,用错开距离和接近速度表示。

　　5.利用圆锥曲线拼接法和 Pork - Chop 图,试设计火星探测轨道,并确定发射窗口、飞行器各阶段二体轨道方程以及所需的总速度增量。

第4章 地月系统

截至目前,分析了深空探测飞行器被动飞行阶段相对于出发星体的轨道方程,主动飞行阶段的轨道机动和相对于太阳的行星际轨道,并分析说明了行星际飞行中的引力辅助机动原理以及发射窗口的选择,下面来考虑深空探测的首要目标——月球。

月球是地球唯一的天然卫星,也是太阳系第五大卫星,是人类深空探测的首选目标。月球与地球的关系在太阳系中极为特殊,其质量达到了地球的1/81,而太阳系其他行星的卫星远远达不到这样大的比例。实际上,地球和月球在围绕着它们的共同质心转动,距地球表面只有约1 650 km。因此,在天文学上专门将地球和月球称为"地月系统",并将其作为一个整体去研究。月球的存在对于维持地球自转轴的稳定非常重要,而月球引力引起的潮汐作用甚至比太阳还要大。由于"潮汐锁定"的原因,月球的自转和公转速度相同,使得它总是只有一面朝向地球。

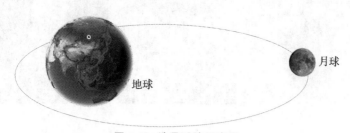

图 4.1　地月系统示意图

4.1　月球探测史简介

古代的天文学家很早就开始观测、研究月球,但真正的飞越是在 20 世纪人类进入太空时代之后才开始的。从 1959 年起,美、苏两国就开始发射探测器对月球探测,至 2022 年人类已成功发射了约 70 个月球探测器和登月载人飞船。

20 世纪 50 年代末期,由于苏联在运载火箭和人造卫星技术上先走一步,所以在月球探索上也占得先机。1957 年,苏联发射人类第一颗人造卫星,解决了将人造物体发射到太空的基本技术之后,马上就着手向月球发射探测器。从 1958 年开始,苏联多次发射了月球探测器,但由于任务失败,苏联仅对取得成功或部分成功的任务命名并予以公布。1959 年 1 月,苏联发射月球 1 号,其最初的任务是撞击月球,在经历 34 h 的飞行之后,从距离月球 5 965 km 的地方掠过。该任务最终由 1959 年 9 月发射的月球 2 号完成,因此月球 2 号成为人类在外星球实现硬着陆的第一个物体。紧接着,月球 3 号在 1959 年 10 月成功完成从月球背面拍照的任务,这对人类来讲可以说是意义非凡,体现了在科学与工程上的重大成就。苏联虽未公布载人登月的目标,但其航天活动也一直在为这个目标做准备。1966 年 1 月 31 日发射的月球 9 号探测器,在距离月面 75 km 时开始制动,工作 48 s 后,在距离月面 250 m 时将速度降到 0。之后着陆器利用反推发动机缓慢降低到距离月面 4 m 高度,由一根探针触发两个气囊充气,在气囊的保护下降落到月面,月球 9 号所使用的气囊技术,现在依然在被火星探测器使用。图 4.2 所示为苏联典型月球探测器。

(a)　　　　　　　　(b)　　　　　　　　(c)

图 4.2　苏联典型月球探测器(图片来自网络)

(a)月球 2 号;(b)月球 3 号;(c)月球 9 号

同时美国也不甘示弱,先后发射了先驱者、徘徊者等探测器,实现了硬着陆,直到 1966 年 6 月才由勘察者 1 号实现第一次软着陆。美国通过实施"水星"计划,掌握了载人天地往返的基本技术;通过"双子星"计划,掌握了载人登月所必需的舱外行走和交会对接技术;最终通过"阿波罗"计划实现了载人登月的目标。美国采用"月球轨道交会"方案实现载人登月,由一枚火箭一次将用于天地往返的指令舱/服务舱和用于登月的登月舱送到月球轨道,登月舱实施登月后与指令舱/服务舱在月球轨道交会对接,抛弃登月舱后由指令舱将乘组送回地球。这一方案在月球轨道交会对接阶段有较大风险,但却是所有方案中对运载能力要求最低的,仅需一枚土星五号火箭就可以完成一次登月任务。1968年12月,土星五号火箭将阿波罗8号飞船发射到绕月轨道,这是人类历史上第一次离开近地空间,近距离观测月球。1969年7月20日,阿波罗11号终于将阿姆斯特朗和奥尔德林送上月球,实现了载人登月的伟大壮举(见图4.3)。之后又连续实施了6次载人登月任务,其中阿波罗13号虽然因服务舱故障登月失败,但却将航天员安全地送回地球。20世纪70年代美国陷入了越战泥潭后,对科学目标不十分明确的阿波罗后续登月计划也进行了裁剪,仅保留了1972年的阿波罗17号登月任务。虽然阿波罗计划之后,人类再也没有离开过近地空间,但阿波罗计划对于人类科技和工程水平的进步却有着巨大的贡献。

图 4.3　阿波罗 11 号(图片来自网络)

　　苏联因为自身不断失败,且美国已实现登月,导致已无法领先美国而取消载人登月计划。虽然苏联在载人登月竞赛中输给了美国,但却成功地实施了月球车和无人采样返回任务。1970年9月—1976年8月,苏联的月球16号、20号和24号先后3次成功在月面软着陆,利用探测器一根长臂上的钻头先钻进月壤中取样,然后把月壤放进返回舱中,将月壤样本送回地球。虽然3次采样返回任务只取得了很少的月壤样本,无法与阿波罗计划380 kg的样本相提并论,但毕竟从月面3个不同的地点取回了样本,具有重大的科学意义。

1970 年 11 月 17 日,苏联的月球 17 号将月球车 1 号送上月球。它重达 756 kg,虽然行驶速度不如美国阿波罗 15～17 号携带的有人驾驶月球车速度快,但却可以在地面"驾驶员"的遥控之下在月面行驶,而且可以利用放射性同位素热源提供的热量安全度过寒冷的月夜,在技术上其实更为先进。虽然它的设计寿命只有 3 个月,但月球车 1 号携带的摄像头、X 射线谱仪等设备在近 1 年的工作中积累了丰富的数据,行驶了 10.54 km。它所携带的激光发射器,至今仍在被地面的天文台利用来进行精确的地月激光测距。此后在 1973 年 1 月由月球 21 号承载的月球车 2 号任务中,月球车质量增加到 840 kg,行驶速度提高了 2 倍,在近 4 个月的任务中行驶了超过 37 km,在月面上的行驶里程纪录至今未被打破。

回顾美、苏两国月球探测的历史,虽然取得了辉煌的成就,但这些成就主要是在冷战时期太空竞赛这一大背景下实现的。当时的很多计划和决策都相当冒进,使得两国都付出了很大的代价。

我国航天科学家于 1994 年首次提出月球探测计划,经过 10 年的论证,于 2004 年正式立项,并命名为"嫦娥工程"。"嫦娥工程"分为无人月球探测、载人登月和建立月球基地三个阶段,并制定了"绕、落、回"三步走的战略。2007 年 10 月 24 日,我国第一颗绕月卫星嫦娥一号成功发射升空,主要用于获取月球表面三维影像、分析月球表面有关物质元素的分布特点、探测月壤厚度、探测地月空间环境等,在圆满完成各项使命后,于 2009 年按预定计划受控撞击月球。2010 年 10 月 1 日,嫦娥二号顺利发射,主要任务是获得更清晰、更详细的月球表面影像数据和月球极区表面数据,为嫦娥三号实现月球软着陆进行部分关键技术实验,并对嫦娥三号软着陆区进行高精度成像。2013 年 12 月 2 日,嫦娥三号月球探测器从西昌卫星发射中心发射,携带了我国第一辆月球车玉兔号,于 2013 年 12 月 14 日成功着陆于月球雨海西北部,着陆点周边区域后命名为"广寒宫",实现了中国首次月面软着陆。嫦娥四号月球探测器是嫦娥三号的备份星,2018 年 5 月 21 日,嫦娥四号通信中继星鹊桥发射成功,实现国际首次地月拉格朗日 L2 点的测控及中继通信。2018 年 12 月 8 日,嫦娥四号携带玉兔二号月球车成功发射,并于 2019 年 1 月 3 日成功着陆月背,实现国际首次月球背面软着陆和巡视探测。嫦娥五号由国家航天局组织实施研制,是中国首个实施无人月面取样返回的月球探测器,是中国探月工程"绕、落、回"三步走战略的收官之战。2020 年 11 月 24 日,长征五号遥五运载火箭搭载嫦娥五号探测器成功发射升空并将其送入预定轨道,并于 11 月 28 日进入环月轨道飞行;12 月 1 日,嫦娥五号在月球正面预选着陆区着陆,随即开展月球采样封装等相关工作,通过钻取采样结构和表取采样结构,采集了约 1 731 g 的月球样品;12 月 6 日,携带样品的上升器与轨道器和返回器组合体交会对接,并将样品容器转移至返回器中;12 月 17 日凌晨,嫦娥五号返回器携带月球样品着陆地球,实现了中国首次月球无人采样返回,助力月球成因和演化历史等科学研究。

图 4.4 所示为中国探月工程典型探测器。

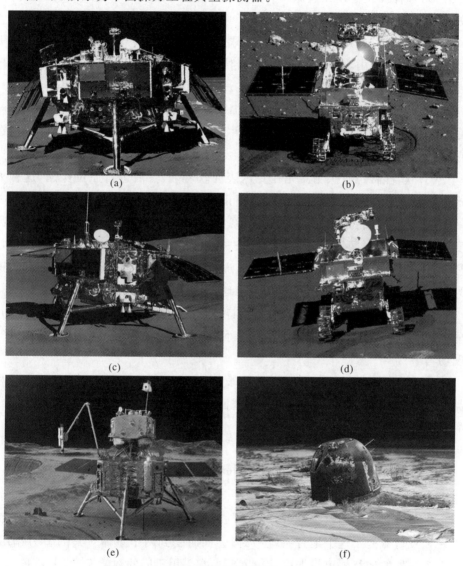

图 4.4 中国探月工程典型探测器(图片来自网络)

(a)嫦娥三号着陆器;(b)玉兔号月球车;(c)嫦娥四号着陆器;

(d)玉兔二号月球车;(e)嫦娥五号探测器;(f)嫦娥五号返回舱

4.2 月球探测方式

纵观人类半个多世纪的月球探测历史,除了"阿波罗"计划实现了载人登月之外,月球探测主要以无人探测为主。无人月球探测经历了由简单到复杂的六种方式。

(1)掠飞探测:月球探测器从距月球数千千米到数万千米的近旁飞过,在飞过月球的短时间内,对月球表面进行摄像,或利用仪器测量月球的重力场、磁场或周围辐射环境,这是最早的探月方式。

(2)硬着陆探测:月球探测器直接撞击在月球表面,它在坠落前的瞬间可对月球表面进行近距离、高分辨率摄像,并可以测试月球表面的硬度,测试数据在它撞毁在月球之前传回地球。

(3)软着陆探测:探测器先在月球表面软着陆,然后进行原位探测,这种方式可以测试月球表面的硬度,测量月壤化学组成等。

(4)绕月探测:月球探测器进入环绕月球飞行的轨道,在一百至数百千米高度上,在较长的时间里,对大部分月面进行摄像和环境探测。与地球卫星相似,月球探测器运行的轨道也可分为圆轨道、椭圆轨道等,或极地轨道、赤道轨道等,环绕月球运行的探测器也被称为月球卫星。

(5)月球表面巡视勘查:这种方式将采用月球车进行探测。月球车要在月球上先安全软着陆,然后通过在月球表面上的巡游,对大范围的月球表面进行现场考察。

(6)自动采样并返回:探测器在月球上软着陆,自动采集月球岩石和土壤样品,并通过返回舱将采集的月球样品送回地球,然后在实验室对样品进行精细的分析研究。

4.3 限制性三体问题

月球相对地球的轨道可近似为圆轨道(月球轨道偏心率约为 0.054 9),此时一个飞行器处于这个地月系统中时,会同时受到两个星体对其的引力作用。月球探测器的转移轨道根据设计精度要求常采用不同的数学模型,主要有双二体模型、限制性三体模型、限制性四体模型等。双二体模型是研究地月转移轨道中常用的简化模型,它是基于引力影响球(希尔球)的概念,把地球、飞行器、月球这个三体问题转化为两个二体问题,类似行星际轨道中提到的圆锥曲线拼接法。双二体假设下,地月转移轨道分为两个阶段,即以地球为引力中心的二体轨道和以月球为引力中心的二体轨道。限制性三体问题是指三个质量体中有一个质量体的质量与其他两个质量体相比,质量可以小到忽略不计的三体问题。在地月转移中,由于飞行器质量远小于地球和月球质量,把地球、飞行器、月球作为一个整体系统进行考虑的模型即是圆形限制性三体模型。如果进一步考虑太阳引力的影响,在太阳、地球、飞行器、月球这个体系中,飞行器质量可忽略,把这样的四体问题称为限制性四体问题。由于双二体模型存在较大误差,而限制性四体问题与限制性三体问题本质上类似但更复杂,所以本书以三体问题为研究对象,推导限制性三体模型。

定义 4.1 圆形限制性三体问题

限制性三体问题是指三个质量体中有一个质量体的质量与其他两个质量体相比,质量可以小到忽略不计的三体问题。在地月转移中,由于飞行器质量远小于地球和月球质量,把地球、飞行器、月球作为一个整体系统进行考虑的模型即是圆形限制性三体模型。

1767 年,数学家欧拉根据旋转的二体引力场,推算出限制性三体问题的三个特解,即 L_1,L_2 和 L_3;1772 年,数学家拉格朗日推算出另外两个特解,即 L_4 和 L_5。这五个特解分别对应空间中五个点,如图 4.5 所示,称为拉格朗日点。在理想状态下,地球和月球在拉格朗日点的万有引力合力正好可以提供飞行器绕质心圆周运动的向心力,从而当飞行器处于 5 个拉格朗日点时,三个天体围绕共同质心转动,此时飞行器相对于地球和月球静止。

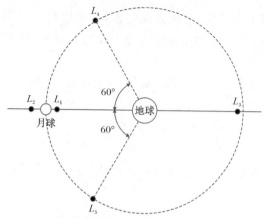

图 4.5 地月转移限制性三体问题中的拉格朗日点

图 4.6 所示为地月转移限制性三体问题模型。在图 4.6 中,在以系统质心 O_c 为原点的极坐标系下,飞行器的势能由两部分构成,一部分来自地球引力产生的势能,另一部分来自月球引力产生的势能,因此飞行器的拉格朗日函数,即动能和势能之差可表示为

$$L = \frac{1}{2}m(\dot{r}^2 + r^2\dot{\theta}^2) + \frac{GM_1 m}{\sqrt{r^2 + r_1^2 - 2rr_1\cos(\theta - \theta_1)}} +$$

$$\frac{GM_2 m}{\sqrt{r^2 + r_2^2 + 2rr_2\cos(\theta - \theta_1)}} \tag{4.1}$$

式中:m 是飞行器的质量;M_1 和 M_2 分别是地球和月球的质量,且有 $m \ll M_1$,$m \ll M_2$;r、r_1 和 r_2 分别表示飞行器、地球和月球到原点的极径;θ 是飞行器极径与极轴的夹角;θ_1 表示地球极径与极轴的夹角。

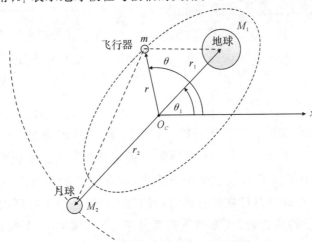

图 4.6　地月转移限制性三体问题模型

由于仅受万有引力作用,系统是保守系统,所以可以应用拉格朗日方程的简化形式(1.11),两个广义坐标分别为 $q_1 = \theta$ 和 $q_2 = r$。求相对广义坐标及其导数的偏导数,得

$$\frac{\partial L}{\partial r} = mr\dot{\theta}^2 - \frac{GM_1 m[r - r_1\cos(\theta - \theta_1)]}{[r^2 + r_1^2 - 2rr_1\cos(\theta - \theta_1)]^{\frac{3}{2}}} -$$

$$\frac{GM_2 m[r + r_2\cos(\theta - \theta_1)]}{[r^2 + r_2^2 + 2rr_2\cos(\theta - \theta_1)]^{\frac{3}{2}}} \tag{4.2}$$

$$\frac{\partial L}{\partial \theta} = -\frac{GM_1 m[rr_1\sin(\theta - \theta_1)]}{[r^2 + r_1^2 - 2rr_1\cos(\theta - \theta_1)]^{\frac{3}{2}}} +$$

$$\frac{GM_2 m[rr_2 sin(\theta - \theta_1)]}{[r^2 + r_2^2 + 2rr_2 cos(\theta - \theta_1)]^{\frac{3}{2}}} \tag{4.3}$$

$$\frac{\mathrm{d}}{\mathrm{d}t}\frac{\partial L}{\partial \dot{r}} = \frac{\mathrm{d}}{\mathrm{d}t}(m\dot{r}) = m\ddot{r} \tag{4.4}$$

$$\frac{\mathrm{d}}{\mathrm{d}t}\frac{\partial L}{\partial \dot{\theta}} = \frac{\mathrm{d}}{\mathrm{d}t}(mr^2\dot{\theta}) = mr^2\ddot{\theta} + 2mr\dot{r}\dot{\theta} \tag{4.5}$$

从而拉格朗日方程为

$$\frac{\mathrm{d}}{\mathrm{d}t}\frac{\partial L}{\partial \dot{r}} - \frac{\partial L}{\partial r} = m\ddot{r} - mr\dot{\theta}^2 + \frac{GM_1 m[r - r_1\cos(\theta - \theta_1)]}{[r^2 + r_1^2 - 2rr_1\cos(\theta - \theta_1)]^{\frac{3}{2}}} +$$

$$\frac{GM_2 m[r + r_2\cos(\theta - \theta_1)]}{[r^2 + r_2^2 + 2rr_2\cos(\theta - \theta_1)]^{\frac{3}{2}}} = 0 \tag{4.6}$$

$$\frac{\mathrm{d}}{\mathrm{d}t}\frac{\partial L}{\partial \dot{\theta}} - \frac{\partial L}{\partial \theta} = mr^2\ddot{\theta} + 2mr\dot{r}\dot{\theta} + \frac{GM_1 m[rr_1\sin(\theta - \theta_1)]}{[r^2 + r_1^2 - 2rr_1\cos(\theta - \theta_1)]^{\frac{3}{2}}} -$$

$$\frac{GM_2 m[rr_2\sin(\theta - \theta_1)]}{[r^2 + r_2^2 + 2rr_2\cos(\theta - \theta_1)]^{\frac{3}{2}}} = 0 \tag{4.7}$$

根据拉格朗日点的定义,飞行器在拉格朗日点没有径向速度,即 $\dot{r} = 0$;由于地月系统绕质心做匀速圆周运动,且飞行器保持与地月的相对位置不变,从而其角加速度也为 0,即 $\ddot{\theta} = 0$,角速度等于地月绕质心的角速度;此外根据地月系统动量守恒可知 $M_1 r_1 = M_2 r_2$。考虑以上因素,式(4.6)和式(4.7)可分别简化为

$$r\dot{\theta}^2 = \frac{GM_1[r - r_1\cos(\theta - \theta_1)]}{[r^2 + r_1^2 - 2rr_1\cos(\theta - \theta_1)]^{\frac{3}{2}}} + \frac{GM_2[r + r_2\cos(\theta - \theta_1)]}{[r^2 + r_2^2 + 2rr_2\cos(\theta - \theta_1)]^{\frac{3}{2}}} \tag{4.8}$$

$$\frac{\sin(\theta - \theta_1)}{[r^2 + r_1^2 - 2rr_1\cos(\theta - \theta_1)]^{\frac{3}{2}}} = \frac{\sin(\theta - \theta_1)}{[r^2 + r_2^2 + 2rr_2\cos(\theta - \theta_1)]^{\frac{3}{2}}} \tag{4.9}$$

式(4.9)成立存在两种情况:一是分子为零;二是分子不为零,分母相等。对于第一种情况有

$$\sin(\theta - \theta_1) = 0 \quad \Rightarrow \quad \theta - \theta_1 = n\pi \tag{4.10}$$

由式(4.10)易知,第一种情况下飞行器与地球、月球同处在一条直线上。当式(4.10)中 n 为奇数时,$\cos(\theta - \theta_1) = -1$,此时飞行器距离地球和月球的距离分别为

$$\sqrt{r^2 + r_1^2 - 2rr_1\cos(\theta - \theta_1)} = r + r_1 \tag{4.11}$$

$$\sqrt{r^2 + r_2^2 + 2rr_2\cos(\theta - \theta_1)} = \sqrt{(r - r_2)^2} \tag{4.12}$$

结合式(4.11),如果 $r < r_2$,即飞行器到质心的距离小于月球到质心的距离,则式(4.12)右端等于 $r_2 - r$,即此时飞行器位于月球和质心之间,对应 L_1

点;如果$r>r_2$,即飞行器到质心的距离大于月球到质心的距离,则式(4.12)右端等于$r-r_2$,即此时飞行器位于地月连线的延长线上,对应L_2点。

当式(4.10)中n为偶数时,$\cos(\theta-\theta_1)=1$,此时飞行器距离地球和月球的距离分别为

$$\sqrt{r^2+r_1^2-2rr_1\cos(\theta-\theta_1)}=\sqrt{(r-r_1)^2} \tag{4.13}$$

$$\sqrt{r^2+r_2^2+2rr_2\cos(\theta-\theta_1)}=r+r_2 \tag{4.14}$$

结合式(4.14),如果$r>r_1$,即飞行器到质心的距离大于地球到质心的距离,则式(4.13)右端等于$r-r_1$,即此时飞行器位于月球和地球连线的延长线上,对应L_3点;如果$r<r_1$,即飞行器到质心的距离小于地球到质心的距离,则式(4.13)右端等于r_1-r,即此时飞行器位于地球和质心之间,由于质心距离地球表面仅约1 650 km,而该条件所对应的飞行器位置位于地表以下,因此舍去。

结论 4.1

对于第一种情况,飞行器与地球和月球同处一条直线上,此时飞行器位置对应L_1,L_2和L_3点。

值得一提的是L_1,L_2和L_3这三个拉格朗日点是不稳定的平衡点,但在限制性三体问题上,理论上可以找到围绕拉格朗日点L_2的稳定周期轨道,称为"HALO"轨道。实际上这种轨道在完全多体模型中并不存在,而是一种受限非精确回归轨道,或称为准周期轨道,飞行器在这种轨道上运行只需进行适度的调节,就可以在预定的轨道上保持很长时间。因此,拉格朗日点的探测活动中飞行器的轨道几乎都是准周期轨道。

对于第二种情况有

$$r^2+r_1^2-2rr_1\cos(\theta-\theta_1)=r^2+r_2^2+2rr_2\cos(\theta-\theta_1) \tag{4.15}$$

式(4.15)说明飞行器到地球和月球的距离相等,化简整理,得

$$r_1^2-r_2^2=2rr_1\cos(\theta-\theta_1)+2rr_2\cos(\theta-\theta_1) \quad \Rightarrow$$

$$(r_1-r_2)(r_1+r_2)=2r(r_1+r_2)\cos(\theta-\theta_1) \quad \Rightarrow$$

$$r_1-r_2=2r\cos(\theta-\theta_1) \tag{4.16}$$

把式(4.15)代入式(4.8),并考虑到 $M_1r_1=M_2r_2$,得

$$r\dot{\theta}^2=\frac{GM_1[r-r_1\cos(\theta-\theta_1)]+GM_2[r+r_2\cos(\theta-\theta_1)]}{[r^2+r_1^2-2rr_1\cos(\theta-\theta_1)]^{\frac{3}{2}}}=$$

$$\frac{(GM_1+GM_2)r-GM_1r_1\cos(\theta-\theta_1)+GM_2r_2\cos(\theta-\theta_1)}{[r^2+r_1^2-2rr_1\cos(\theta-\theta_1)]^{\frac{3}{2}}}=$$

$$\frac{(GM_1+GM_2)r}{[r^2+r_1^2-2rr_1\cos(\theta-\theta_1)]^{\frac{3}{2}}} \qquad (4.17)$$

化简整理,得

$$GM_1+GM_2=[r^2+r_1^2-2rr_1\cos(\theta-\theta_1)]^{\frac{3}{2}}\dot{\theta}^2 \qquad (4.18)$$

因为地月在相互引力作用下绕系统质心做匀速圆周运动,所以

$$\frac{GM_1M_2}{(r_1+r_2)^2}=M_1r_1\dot{\theta}^2 \quad \Rightarrow \quad \frac{GM_2}{(r_1+r_2)^2}=r_1\dot{\theta}^2 \qquad (4.19)$$

$$\frac{GM_1M_2}{(r_1+r_2)^2}=M_2r_2\dot{\theta}^2 \quad \Rightarrow \quad \frac{GM_1}{(r_1+r_2)^2}=r_2\dot{\theta}^2 \qquad (4.20)$$

把式(4.19)和式(4.20)两端相加,整理得

$$GM_1+GM_2=(r_1+r_2)^3\dot{\theta}^2 \qquad (4.21)$$

结合式(4.18)和式(4.21)可得

$$r_1+r_2=\sqrt{r^2+r_1^2-2rr_1\cos(\theta-\theta_1)} \qquad (4.22)$$

式(4.22)左边表示地月之间的距离,右边表示飞行器相对于地球和月球的距离。结合式(4.15)易知,此时飞行器与地球、月球构成等边三角形,而这样的三角形有两个,因此该情况下飞行器的位置对应拉格朗日点 L_4 和 L_5。

结论 4.2

　　对于第二种情况,飞行器对应的位置为拉格朗日点 L_4 和 L_5。

　　L_4 和 L_5 是稳定的平衡点,原因在于处在这两个点上的飞行器到两个天体的距离相等,两个天体对飞行器的引力之比正好等于它们的质量之比,因此,两个引力的合力正好指向系统质心,为飞行器绕质心运动提供了向心力。当飞行器被扰动时,飞行器会绕拉格朗日点往返摆动,在 Coriolis 效应下,飞行器轨道会趋于稳定的豌豆型轨道,因此 L_4 和 L_5 也称为平动点。

4.4 地月转移轨道类型

对地月转移轨道的研究大多是以某一特定任务为背景,建立轨道动力学模型,设计满足特定约束条件的轨道,并分析其相关特性的。地月转移轨道可分为三种,即直接转移型、低能转移型和小推力转移型。

直接转移型是探测器在近地轨道就获得一个比较大的初速度,以大椭圆轨道到达月球附近。这种转移方式的转移时间短,工程实施难度较低,目前大多数的月球探测器都采用了这种转移方式。

低能转移型是利用地月平动点轨道特征进行的低能量转移。通常情况下,当探测器到达地月的 L_1 点附近时,施加小的速度增量使探测器从 L_1 点飞向月球,形成绕月轨道;或者是当飞行器到达 L_2 点附近时,经过变轨后沿弱稳定边界运行到近月空间。理论上来说,低能转移型的地月转移轨道所需的速度增量都比较小,但低能转移轨道都是弱稳定的,对误差相当敏感,因此工程实施难度较大,且转移时间大大增加。这种转移方式很少在工程中使用,常用作紧急情况的挽救方案。

小推力转移型是指采用推力较小的连续推力发动机,通过持续开机将飞行器送入月球轨道。该模式可全程采用小推力转移或与脉冲式推力转移相结合,由于飞行器推力较小,其轨道呈螺旋状。该方式所需的飞行时间较长,从几个月到十几个月,适用于新型推进模式的飞行器,如电推进、离子推进等。

练 习 题

1.简述月球探测方式。

2.推导圆形限制性三体问题的平衡点,并说明哪些平衡点是稳定平衡点,哪些平衡点是不稳定平衡点。

第5章 行星进入

深空探测按照任务实现方式可分为飞掠探测、环绕探测、硬着陆探测、软着陆探测、无人采样返回探测和载人探测等。近年来,深空探测也出现了两个新的趋势,即对同一探测对象采取多种探测形式交替进行的方式,以及在一次任务中多种探测手段组合实现综合探测。对于飞掠探测和环绕探测,前面着重分析了这类深空探测任务飞行器的轨道变化和行星际轨道;对于着陆探测以及返回探测,需要考虑行星进入(特别是有大气层的行星)和地球再入的问题。深空探测飞行器一般具有很高的速度,当飞行器进入大气时,这些飞行器的飞行状态与空气动力学密切相关。因此,本章针对深空探测飞行器进入有大气行星或再入地球的问题展开深入讨论。

5.1 进入方式

图 5.1 所示为行星进入方式示意图。假设深空探测飞行器到达目标星体附近,并环绕目标星体运行。为了实现着陆探测,飞行器的制动火箭点火,降低飞行器速度,从而改变飞行器轨道。当飞行器与目标星体大气外部区域相遇时,可能会发生以下几种情况。

1.弹道式进入

当飞行器进入目标星体不产生气动升力,或虽有升力但不控制升力的大小和方向时(因此又称为无控进入),飞行器在阻力和重力的影响下落入大气,于图 5.1 中的 A 点以硬着陆的方式撞击到目标星体表面。撞击点由首次进入大气的条件决定,飞行器无法控制其着陆位置,这类进入方式如同地球上的平抛运动。弹道式进入一般应用于采用旋成体外形、大头朝前的飞行器,这种飞行器的压力中心位于质心之后,且在飞行器的纵轴上。在进入行星大气层的过程中,弹道式进入的飞行器通过控制飞行器绕纵轴的慢速旋转(滚转),来减小扰动力对飞行器着陆点散布的影响;同时对偏航轴和俯仰轴进行角速率阻尼,使飞行器以接近零迎角、零升力状态在大气层内运动。

弹道式进入控制比较简单,较易实现,也是最早实现的一种返回方式。但弹道式进入在进入过程中空气动力引起的过载峰值高,落点精度也较差。事实上,在航天飞机诞生以前的所有空间飞行器都可以认为是弹道式进入。例如,返回式卫星允许其进入过程负加速度峰值约为 $20g$,着陆点散布范围可达几十到上百千米。中国的第一代返回式卫星、美国和苏联的第一代载人飞船(美国的水星、苏联的东方)都采用弹道式进入方式。

我国神舟号飞船当出现下列紧急情况之一时,也采用弹道式进入返回地面:①在抛逃逸塔之后至抛整流罩之前的发射段,运载火箭出现致命性故障,导致当圈返回;②在轨道运行段,飞船出现应急情况,导致航天员启动自主应急返回程序;③在轨道运行段,发现飞船的加速度计至少有两个出现故障,导致不能采用半弹道式进入控制情况;④当在轨道运行段终点事件(轨道舱与返回舱分离)之前,飞船出现应急故障,导致必须采用航天员手控半自动返回模式返回。

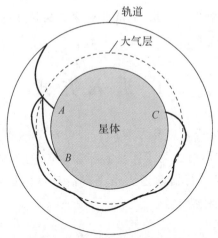

图 5.1　行星进入方式示意图

2. 半弹道式进入

半弹道式进入又称弹道升力式进入,是一种升阻比较小的进入方式,飞行器在进入目标星体大气层时通过滚动控制调整升力方向。由于飞行器着陆点与弹道式类似,所以有时也把半弹道式进入归入弹道式进入方式。半弹道式进入一般应用于采用旋成体外形、大头朝前的飞行器,这种飞行器的质心沿速度方向在压力中心之前,但偏离纵轴一个小的距离。在进入大气层过程中,在某一个迎角下,作用在飞行器上的气动力矩为零,该迎角称为配平迎角。飞行器在以配平迎角飞行时,作用在飞行器上的气动力既有阻力又有升力。在进入过程中,通过三轴角速率阻尼控制飞行器的姿态,通过转动飞行器改变升力的垂直分量和水平分量,从而能在一定范围内控制进入轨道,调整着陆点位置。

与弹道式进入相比,半弹道式进入走廊较宽,减速时间较长,因而承受的过载较小,而且还可以通过控制升力方向、航向和侧向做适当的轨道机动,以提高落点精度。

美国的双子星座号飞船和阿波罗飞船、俄罗斯的联盟号飞船以及中国的神舟号飞船的返回舱都采用半弹道式进入方式。联盟号飞船返回舱的配平迎角约为20°,配平迎角下的升阻比不大于0.3,可将着陆点偏差控制在30 km之内。神舟号飞船半弹道式进入的飞行程序是:返回舱与推进舱分离,返回舱调至配平攻角状态,返回舱绕控制轴(与纵轴夹角约为20°)起旋,起旋角速度为12.5 °/s,下降到 20 km 高度时返回舱消旋。

神舟号飞船的返回舱是一头大、一头小的钟形外形,返回舱返回地面时是采取大头朝前飞的姿态。返回舱在进入大气层的过程中,作用在返回舱上的空气对返回舱产生压力,这些压力可以合成一个对返回舱任何一点的一个力和一个力矩。但是在返回舱上有这样一个点,对该点求合力时只有力而没有力矩,这个点就叫气动力中心。为了使飞船返回舱能产生一定的升力,设计人员对返回舱的结构和仪器设备的安装部位作了精心设计,并采用增加一定配重块的方式,使得返回舱的质心不在返回舱的纵轴上,而是与纵轴偏离一个距离,同时将质心配置在返回舱气动力中心之前的一定位置。返回舱的飞行速度与返回舱纵轴的夹角称作迎角,如果在某一迎角下产生的空气动力正好在质心与气动力中心连线的延长线方向,那么作用在返回舱上的气动力矩为零,该迎角称为配平迎角。在此迎角下,理论上不需要有作用在返回舱上的其他力矩,飞船就可以保持飞行状态不变。空气动力可以分解为沿速度反方向的阻力和垂直于速度方向的升力。如能控制返回舱绕速度矢量旋转,则可以控制作用在返回舱上的升力的水平分量和垂直分量的大小和方向,这样就可以控制返回舱的进入轨道,使返回舱的进入过载峰值不大于 4g,并控制返回舱下降至 20 km 左右高度的停控点的地理位置。

3. 升力式进入

升力式进入又称为滑翔进入,是一种升阻比较大的进入方式,通过控制升力大小和方向实现进入。飞行器通常以较大的攻角进入大气飞向地面,并在图5.1中的点 B 着陆。提高升阻比可以减小制动过载,降低热流峰值,增大进入角范围,加宽进入走廊,有利于进入过程。这种方式的优势是可以选择着陆位置,而且飞行器可以实现软着陆。

升力式进入应用于不带翼面的升力体和带翼面的升力体式飞行器,前者是将飞行器做成非轴对称外形,使其产生较大的升力;后者是将飞行器做成有翼外形,从而实现水平着陆,如美国的航天飞机和 X-37B。

有翼升力体式飞行器技术复杂,成本昂贵,但具有以下优点:

(1)进入过载小。从环绕轨道进入的典型有翼升力体式飞行器的进入过载峰值只有 $2g\sim2.5g$,这就为载人探测创造了更为良好的环境。

(2)机动范围大。由于有翼升力体式飞行器比半弹道式飞行器有更大的升阻比和有更长的在稠密大气层内运动的时间,所以它具有更大的机动范围。典型的有翼升力体式飞行器的机动范围可达一千至数千千米。

(3)着陆精度高。有翼升力体式飞行器可以相当精确地控制进入段轨道和着陆段轨道,实现在跑道上水平着陆,从而为飞行器的重复使用创造了条件。

4. 跳跃式进入

当飞行器以较小的升阻比进入时,与大气高速摩擦产生的阻力有利于飞行器减速;然后当飞行器速度降低,阻力减小时,大气产生的升力使飞行器冲出大气层;在引力作用下,飞行器再次进入大气层并进一步减速,这样重复几次,直到速度足够慢后,飞行器将在图5.1中的点 C 着陆,这个过程类似于用一个扁平的石头在水面"打水漂"。这种进入方式的轨道高度有较大起伏变化,故称作跳跃式进入。对于进入大气层后虽不再跳出大气层,但升力使进入轨道高度有较大起伏变化的情况,也称作跳跃式进入。

苏联的探测器6号是首个成功采用跳跃式进入的航天器。1968年11月17日,探测器6号在实现绕月飞行后使用半弹道式进入,进入大气时的进入角为 $-5.6°$,到达地球附近的速度约为 11 km/s。由于气动升力,探测器6号下降 $50\sim60$ km 后,飞行器跳跃上升穿出大气。经过大气阻力减速,速度降到了7.6 km/s,实现被地球的捕获,在空间飞行一段时间后,再次以半弹道式进入。探测器6号的过载峰值约 $7g$,比探测器5号($16g$)降低了一半以上。1969年发射的探测器7号和1970年发射的探测器8号也成功进行了跳跃式进入试验。

美国的阿波罗飞船的跳跃式进入方案与探测器6号基本相同,不同的是阿波罗有更大的升阻比,可以选择更大的进入角,升力控制能力也有所提升。阿波罗的进入角为−6.48°,速度与探测器 6 号相同。进入后 80 s 时过载达到最大值(约 6g),飞行高度下降到约 55 km 时出现了"跳跃"现象,并在进入后256 s 左右"跳跃"到最高点约 67 km,此后一直下降直到开令完成降落。

5. 椭圆衰减式进入

椭圆衰减式进入又称作制动椭圆式进入。飞行器以椭圆轨道环绕目标星体运行,假设星体没有大气层,则飞行器的轨道近拱点称作虚近拱点。如果虚近拱点离星体表面太高,则飞行器只受到稀薄大气层的微弱阻力,那就不足以使飞行器减速着陆。由于减速不多,飞行器又会突出大气层,形成很大的椭圆轨道。过了一圈后,又进入大气层,并再减速一点,重新进入尺寸稍小的椭圆轨道。原则上可以用很多这种"制动椭圆"来降低很大的初始进入速度。制动椭圆式进入的缺点是无法预先选定着陆点,需要很长的制动时间。这种进入方式极少被设计使用,一般仅作为意外情况的紧急处置方案。

飞行器进入目标星体大气层的方式决定了飞行器的最终着陆点,而进入角度则决定了行星进入的成败。由于飞行器来自目标星体的引力范围之外,所以如果不考虑轨道机动,飞行器将以双曲线轨道或抛物线轨道接近目标星体,此时飞行器相对于目标星体的飞行速度极高。若进入角度过大,飞行器穿透大气层会过快,从而导致负加速度过大,且与大气的高速摩擦会产生大量热量,气动加热显著增加;若进入角度过小,飞行器将不会完全穿透大气层,如果减速效果不明显,飞行器会掠过目标星体,沿双曲线轨道或抛物线轨道远离目标星体,再也不会回来。因此,必须引导飞行器进入一条狭窄的进入走廊,如图 5.2 所示,进入走廊的上界由飞行器轨道近拱点速度确定,下界则取决于飞行器允许承受的最大负加速度。高于上界的轨道范围称为不可捕获区,低于下界的轨道范围称为危险过载区。

因此,当飞行器进入目标星体大气层时主要存在两大技术问题:一是最大过载,或称为最大负加速度;二是气动加热。考虑到飞行器本身的结构强度以及载人探测时人员的安全,最大负加速度应不超过重力加速度的 10 倍,即10g。此外,飞行器的气动加热应足够低,以保证不超过载人探测的太空舱温度以及无人探测飞行器的燃烧温度。

飞行器进入目标星体大气层时主要存在两大技术问题:一是最大过载,或称为最大负加速度;二是气动加热。

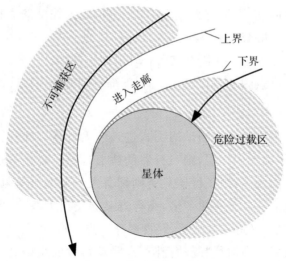

图 5.2　进入走廊示意图

5.2　大气模型

由于大气的物理属性决定了飞行器的大气进入运动,所以为了分析大气进入的基本运动方程,首先介绍经典的大气指数模型。假设目标星体的半径为 r,飞行器相对于目标星体海平面的几何高度为 h_G,则飞行器的绝对高度可表示为 $h_a = r + h_G$。根据万有引力定律可知,重力加速度与绝对高度的关系如下:

$$\frac{g}{g_0} = \frac{r^2}{h_a^2} = \frac{r^2}{(r + h_G)^2} \tag{5.1}$$

式中:g_0 代表目标星体海平面处的重力加速度。

由于大气压强随着几何高度的增加而减小,根据流体静力方程,如果流体元的密度为 ρ,则有

$$\mathrm{d}p = -\rho g \mathrm{d}h_G \tag{5.2}$$

根据式(5.1)可知,g 随 h_G 变化。把式(5.1)代入式(5.2),得

$$\mathrm{d}p = -\rho g_0 \frac{r^2}{(r + h_G)^2} \mathrm{d}h_G \tag{5.3}$$

引入如下定义:

$$\mathrm{d}h = \frac{r^2}{(r + h_G)^2} \mathrm{d}h_G \tag{5.4}$$

对式(5.4)两端积分,得

$$h = \int_0^{h_G} \frac{r^2}{(r+h_G)^2} dh_G = -\frac{r^2}{r+hh_G}\Big|_0^{h_G} = \frac{r}{r+h_G}h_G \qquad (5.5)$$

h 称为位势高度,由式(5.5)可见,几何高度和位势高度稍有差别,从而弥补了重力加速度随几何高度变化的影响。

实际上,位势高度是一个虚构的高度,可以看作在物理上与重力加速度为常数($g=g_0$)所对应的虚拟高度。低海拔时,几何高度和位势高度几乎没有差别,对于地球来说,只有在海拔 65 km 以上时(65 km 是返回式航天器再入地球大气层气动加热效果凸显的高度),这种差别才会超过 1%。

接下来分析大气的压强 p、密度 ρ、绝对温度 T 以及位势高度 h 之间的函数关系。

结合式(5.3)和式(5.4),得

$$dp = -\rho g_0 dh \qquad (5.6)$$

另外,理想气体的状态方程为

$$pV = nR_c T \qquad (5.7)$$

式中:V 代表体积,如果气体质量为 m,则体积可表示为 $V=m/\rho$;n 代表物质的量,可表示为 $n=m/M$,M 表示气体的摩尔质量(地球大气平均摩尔质量为 28.963 4 g/mol);$R_c = 8.314$ J/(mol·K)是气体常数。

定义比气体常数为 $R=R_c/M$,地球上 $R=8\ 314/28.963\ 4 \approx 287$ J/(kg·K),则式(5.7)可改写为

$$p = \rho RT \qquad (5.8)$$

用式(5.6)两端除以式(5.8)两端,得

$$\frac{dp}{p} = \frac{-\rho g_0 dh}{\rho RT} = -\frac{g_0}{RT}dh \qquad (5.9)$$

1. 指数大气模型

如果假设大气绝对温度为常值,即温度不随高度的变化而变化,对式(5.9)两边积分,变量的积分下限(起点)用下标 s 表示,即

$$\int_{p_s}^p \frac{1}{p}dp = -\frac{g_0}{RT}\int_{h_s}^h dh \qquad (5.10)$$

计算整理,得

$$\ln p - \ln p_s = \ln \frac{p}{p_s} = -\frac{g_0(h-h_s)}{RT} \tag{5.11}$$

对式(5.11)进行反对数运算,得

$$\frac{p}{p_s} = \exp\left[-\frac{g_0(h-h_s)}{RT}\right] \tag{5.12}$$

结合理想气体状态方程式(5.8),式(5.12)还可以写为

$$\frac{p}{p_s} = \frac{\rho RT}{\rho_s RT} = \frac{\rho}{\rho_s} = \exp\left[-\frac{g_0(h-h_s)}{RT}\right] \tag{5.13}$$

结论 5.1

式(5.13)揭示了压强 p、密度 ρ 以及位势高度 h 之间的函数关系,表征了具有恒温特性的星体指数大气模型。

2.标准大气模型

对于地球而言,温度 T 随高度变化呈现分阶段近似线性的变化趋势,即 $T-T_s = k(h-h_s)$,从而有

$$\mathrm{d}h = \frac{1}{k}\mathrm{d}T \tag{5.14}$$

把式(5.14)代入式(5.9),得

$$\frac{\mathrm{d}p}{p} = -\frac{g_0}{RT}\frac{1}{k}\mathrm{d}T = -\frac{g_0}{kR}\frac{\mathrm{d}T}{T} \tag{5.15}$$

对式(5.15)两边积分,即

$$\int_{p_s}^{p}\frac{1}{p}\mathrm{d}p = -\frac{g_0}{kR}\int_{T_s}^{T}\frac{1}{T}\mathrm{d}T \tag{5.16}$$

计算整理,得

$$\ln\frac{p}{p_s} = -\frac{g_0}{kR}\ln\frac{T}{T_s} \tag{5.17}$$

从而有

$$\frac{p}{p_s} = \left(\frac{T}{T_s}\right)^{-g_0/(kR)} \tag{5.18}$$

类似地,结合理想气体状态方程式(5.8)和式(5.18),有

$$\frac{p}{p_s} = \frac{\rho RT}{\rho_s RT_s} = \left(\frac{T}{T_s}\right)^{-g_0/(kR)} \tag{5.19}$$

从而有

$$\frac{\rho}{\rho_s} = \left(\frac{T}{T_s}\right)^{-1-g_0/(kR)} = \left[\frac{T_s + k(h-h_s)}{T_s}\right]^{-1-g_0/(kR)} \tag{5.20}$$

式(5.20)揭示了压强 p、密度 ρ、绝对温度 T 以及位势高度 h 之间的函数关系,表征了具有温度随高度线性变化的星体标准大气模型。

5.3 大气进入基本运动方程

为了分析飞行器进入目标星体大气层时的最大过载或最大负加速度,要先分析飞行器进入目标星体大气层的速度与高度的函数关系,即大气进入基本运动方程。假设飞行器的进入速度为 V,速度与当地水平线的夹角为 θ,如图 5.3 所示,W 表示重力,方向垂直于水平线向下,D 表示阻力,方向与速度方向相反,L 表示气动升力,方向垂直于速度方向。

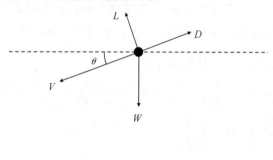

图 5.3 大气进入时飞行器的受力情况

阻力 D 与大气密度 ρ、飞行器速度 V 以及迎风面积 S 等因素直接相关,假设与雷诺数相关的剖面阻力系数用 C_D 表示,则大气进入的阻力可表示为

$$D = \frac{1}{2}C_D S \rho V^2 \tag{5.21}$$

将飞行器视为质点,在阻力方向进行受力分析并应用牛顿第二定律,有

$$-D + W\sin\theta = m\frac{\mathrm{d}V}{\mathrm{d}t} \tag{5.22}$$

假设在 $\mathrm{d}t$ 时间内,飞行器沿速度方向前进了 $\mathrm{d}s = V\mathrm{d}t$,则飞行器的高度变化为

$$dh = -\sin\theta ds \Rightarrow ds = -\frac{dh}{\sin\theta} \qquad (5.23)$$

为了获得速度与高度之间的函数关系,将式(5.22)稍作变形,得

$$-D + W\sin\theta = m\frac{dV}{ds}\frac{ds}{dt} = mV\frac{dV}{ds} = \frac{1}{2}m\frac{dV^2}{ds} \qquad (5.24)$$

将式(5.21)和式(5.23)代入式(5.24),得

$$-\frac{1}{2}C_DS\rho V^2 + W\sin\theta = -\frac{1}{2}m\sin\theta\frac{dV^2}{dh} \qquad (5.25)$$

式(5.25)包含大气密度,且根据式(5.13)可知大气密度是高度的函数,因此从式(5.25)可推导出速度和高度的微分方程,理论上解微分方程就可以获得速度和高度之间的函数关系。

相对于气动加热,大气温度变化一般可以忽略不计,因此通常采用恒温假设的指数大气模型式(5.13)分析飞行器行星进入时的运动。

实际上不考虑附加条件,获得速度和高度之间函数关系的解析解还面临一些困难。为求精确的运动方程,通常采用数值计算的方式获得。

引入常参数,把式(5.13)可改写为

$$\frac{\rho}{\rho_s} = \exp\left[-\frac{g_0(h-h_s)}{RT}\right] = \exp\left(-\frac{g_0 h}{RT}\right)\exp\left(\frac{g_0 h_s}{RT}\right) \overset{\text{def}}{=\!=\!=} Ae^{-Bh} \qquad (5.26)$$

其中:$A = \exp\left(\dfrac{g_0 h_s}{RT}\right)$; $B = \dfrac{g_0}{RT}$。

接着对式(5.26)两边求微分,得

$$\frac{d\rho}{\rho_s} = Ae^{-Bh}(-Bdh) = \frac{\rho}{\rho_s}(-Bdh) \qquad (5.27)$$

从而有

$$dh = -\frac{d\rho}{B\rho} \qquad (5.26)$$

把式(5.28)代入式(5.25),得

$$-\frac{1}{2}C_DS\rho V^2 + W\sin\theta = -\frac{1}{2}m\sin\theta\frac{dV^2}{d\rho}(-B\rho) \qquad (5.29)$$

两边同除以$\dfrac{1}{2}B\rho m\sin\theta$,整理得

$$-\frac{C_DSV^2}{Bm\sin\theta} + \frac{2mg}{B\rho m} = \frac{dV^2}{d\rho} \qquad (5.30)$$

或者也可写为

$$\frac{\mathrm{d}V^2}{\mathrm{d}\rho} + \frac{1}{m/(C_D S)} \frac{V^2}{B\sin\theta} = \frac{2g}{B\rho} \tag{5.31}$$

定义 5.1　弹道参数

式(5.31)中 $m/(C_D S)$ 与飞行器本身有关,该值为常数且对进入轨道起决定性作用,因此被定义为弹道参数,即

$$\frac{m}{C_D S} \overset{\text{def}}{=\!=\!=} 弹道参数 \tag{5.32}$$

5.3.1　弹道式进入

对于无升力的纯弹道式进入,由于飞行器进入速度很大,产生的阻力远大于飞行器自身的重力,所以忽略式(5.31)等号右边的重力项,得

$$\frac{\mathrm{d}V^2}{\mathrm{d}\rho} + \frac{1}{m/(C_D S)} \frac{V^2}{B\sin\theta} = 0 \tag{5.33}$$

考虑到弹道式进入的实际运动路径特性,假设 θ 是恒定的,则可对式(5.33)进行整理后求积分如下

$$\int_{V_E^2}^{V^2} \frac{1}{V^2} \mathrm{d}V^2 = -\frac{1}{m/(C_D S)} \frac{1}{B\sin\theta} \int_0^\rho \mathrm{d}\rho \tag{5.34}$$

式中:V_E 表示飞行器进入大气时的初速度。

从而有

$$\ln\frac{V^2}{V_E^2} = 2\ln\frac{V}{V_E} = -\frac{1}{m/(C_D S)} \frac{1}{B\sin\theta} \rho \tag{5.35}$$

因此

$$V = V_E \exp\left[-\frac{1}{m/(C_D S)} \frac{1}{B\sin\theta} \frac{\rho}{2}\right] \tag{5.36}$$

式(5.36)表示弹道式进入的速度 V 关于密度 ρ 的变化,结合式(5.13)就可以得到弹道式进入的速度与高度的显式函数关系,大致变化趋势如图 5.4 所示。

当飞行器刚开始进入目标星体大气层时,大气密度非常低,阻力几乎微不足道,飞行器在引力的作用下速度小幅增加;随着飞行器高度不断降低,大气密度显著增加,速度迅速减小。若弹道参数比较小,式(5.36)的指数项相对较小,

此时速度减速效果增加,飞行器穿入大气层深度减小,运动轨迹如图 5.4 中 $a-b-c-d$ 所示;若弹道参数比较大,式(5.36)的指数项相对较大,此时速度减速效果降低,飞行器穿入大气层深度增加,运动轨迹如图 5.4 中 $a-b-e-f$ 所示。由此可见,弹道参数是进入探测飞行器设计的一个重要参数。

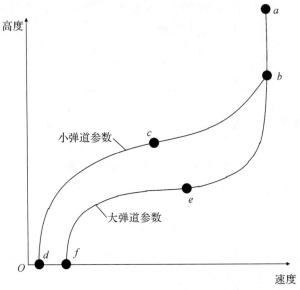

图 5.4　弹道式进入运动趋势示意图

由于弹道式进入所产生的阻力远大于飞行器的重力,忽略重力 W 后阻力方程式(5.22)可简化改写为

$$\frac{\mathrm{d}V}{\mathrm{d}t} = -\frac{D}{m} = -\frac{C_D S \rho V^2}{2m} \tag{5.37}$$

式(5.37)的左边是飞行器的进入加速度,根据负加速度的定义,并把阻力的定义式(5.21)代入式(5.37),得

$$负加速度 = \left| \frac{\mathrm{d}V}{\mathrm{d}t} \right| = \frac{C_D S \rho V^2}{2m} \tag{5.38}$$

根据 5.1 节的分析,飞行器的最大负加速度是飞行器安全执行任务的重要指标,因此首先对弹道式进入飞行器的负加速度进行定性分析。如图 5.5 所示,在飞行器进入目标星体初始段,大气密度逐渐增加,速度降低不明显,此时负加速度是增大趋势;在负加速度达到最大后,随着飞行器高度降低,大气密度显著增加,此时飞行器减速带来的负加速度减小效果远大于大气密度增加带来的负加速度增加效果,所以负加速度会减小。

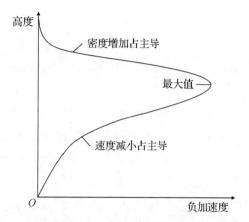

图 5.5　弹道式进入飞行器负加速度随高度的变化趋势

为了定量地分析最大负加速度,首先对式(5.38)求导,得

$$\left| \frac{\mathrm{d}^2 V}{\mathrm{d}t^2} \right| = \frac{C_D S}{2m} \left(2\rho V \frac{\mathrm{d}V}{\mathrm{d}t} + V^2 \frac{\mathrm{d}\rho}{\mathrm{d}t} \right) =$$

$$\frac{C_D S}{2m} \left[2\rho V \left(-\frac{C_D S \rho V^2}{2m} \right) + V^2 \frac{\mathrm{d}\rho}{\mathrm{d}t} \right] =$$

$$\frac{C_D S V^2}{2m} \left(-\frac{C_D S \rho^2 V}{m} + \frac{\mathrm{d}\rho}{\mathrm{d}t} \right) \tag{5.39}$$

当式(5.39)等于零时,负加速度达到极值,从而有

$$\frac{\mathrm{d}\rho}{\mathrm{d}t} = \frac{C_D S \rho^2 V}{m} \tag{5.40}$$

而根据式(5.28)易得

$$\frac{\mathrm{d}\rho}{\mathrm{d}t} = -B\rho \frac{\mathrm{d}h}{\mathrm{d}t} \tag{5.41}$$

又由式(5.23)可推出

$$\frac{\mathrm{d}h}{\mathrm{d}t} = -\sin\theta \frac{\mathrm{d}s}{\mathrm{d}t} = -V\sin\theta \tag{5.42}$$

结合式(5.40)~式(5.42),可知

$$\frac{\mathrm{d}\rho}{\mathrm{d}t} = -B\rho \frac{\mathrm{d}h}{\mathrm{d}t} = -B\rho(-V\sin\theta) = \frac{C_D S \rho^2 V}{m} \tag{5.43}$$

因此,当负加速度最大时,对应的大气密度为

$$\rho = \frac{m}{C_D S} B\sin\theta \tag{5.44}$$

把式(5.44)分别代入式(5.36)和式(5.38),得最大负加速度时飞行器速度

和最大负加速度值分别为

$$V = V_E e^{-1/2} \qquad (5.45)$$

$$\left| \frac{dV}{dt} \right|_{max} = \frac{C_D S \rho V^2}{2m} = \frac{V^2 B \sin\theta}{2} = \frac{V_E^2 B \sin\theta}{2e} \qquad (5.46)$$

结论5.3

(1)根据式(5.46),最大负加速度正比于飞行器行星进入的初速度二次方,即当飞行器以同样的进入角度,从抛物线或双曲线轨道进入目标星体比从椭圆轨道进入所产生的最大负加速度要大。

(2)通过调整飞行器的进入角度 θ(飞行器进入目标星体的初速度由进入前的轨道决定,因此 V_E 只能通过轨道机动进行调节),可以实现调节最大负加速度的值。

(3)弹道参数不影响最大负加速度的值,但会影响最大负加速度产生的高度。

5.3.2　升力式进入

前面讨论了阻力方向飞行器进入的运动情况,并且分析了弹道式进入的最大负加速度。下面研究升力方向的飞行器进入运动。根据图5.3,在升力方向进行受力分析并应用牛顿第二定律,得

$$-L + W\cos\theta = m\frac{V^2}{r} \qquad (5.47)$$

式中:r 代表飞行器轨道的曲率半径;L 表示升力。

与阻力的定义类似,假设升力系数用 C_L 表示,则升力可表示为

$$L = \frac{1}{2}C_L S \rho V^2 \qquad (5.48)$$

典型的升力式进入角度 θ 都相对较小,因此可以近似地认为 $\cos\theta \approx 1$。假设飞行器轨道的曲率半径 r 近似于地球半径 r_e,从而式(5.47)可改写为

$$-L + W = m\frac{V^2}{r_e} \qquad (5.49)$$

把式(5.48)代入式(5.49),得

$$-\frac{1}{2}C_L S \rho V^2 + mg = m\frac{V^2}{r_e} \qquad (5.50)$$

化简整理得到升力式进入的运动方程为

$$V^2 = \dfrac{g}{\dfrac{1}{r_e} + \dfrac{\rho}{2}\left(\dfrac{m}{C_L S}\right)^{-1}} \tag{5.51}$$

密度和重力加速度都是关于高度的函数,从而式(5.51)描述了升力式进入的飞行器运动。与弹道参数类似,此处引入升力参数的概念。

定义5.2 升力参数

升力参数为常数,定义为

$$\frac{m}{C_L S} \overset{\text{def}}{=\!=\!=} 升力参数 \tag{5.52}$$

结论5.4

根据式(5.51),当升力参数较大时,产生的升力较小,飞行器会以更大的速度穿入更深大气;相反,当升力参数较小时,产生的升力较大,飞行器会以滑翔的形式进入目标星体。

图5.6所示为飞行器弹道式进入和升力式进入时速度随高度的变化趋势。当飞行器具有较小升力参数时,将以图中曲线 A 进入;当升力参数较大时,将以图中曲线 B 进入;曲线 C 和 D 是弹道式进入轨道;曲线 E 代表飞行器以弹道式进入方式从双曲线轨道或抛物线轨道进入的飞行轨迹。

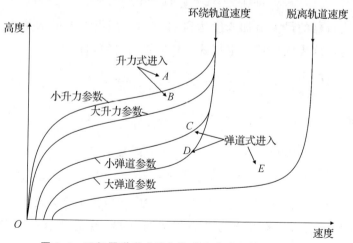

图5.6 飞行器弹道式进入和升力式进入的飞行轨迹

【**例5.1**】 假设一质量为 5 000 kg,迎风面积为 $S=1$ m² 的飞行器以 13 km/s

的速度进入地球大气,进入角度为15°。不考虑升力的情况下,计算:(1)最大负加速度发生的高度;(2)最大负加速度的值;(3)飞行器撞击地球表面时的速度大小。(阻力系数 $C_D=1$,地球海平面标准大气密度 $\rho_s=1.225\ \mathrm{kg/m^3}$,$B=g_0/(RT)=1.18\times10^{-4}\ \mathrm{m^{-1}}$)

解 根据已知条件,首先计算弹道参数:

$$\frac{m}{C_DS}=\frac{5\,000}{1\times1}\ \mathrm{kg/m^2}=5\,000\ \mathrm{kg/m^2}$$

(1)为了计算最大负加速度产生的高度,根据式(5.44)计算最大负加速度对应的密度为

$$\rho=\frac{m}{C_DS}B\sin\theta=5\,000\times1.18\times10^{-4}\times\sin15°\ \mathrm{kg/m^3}=0.152\,7\ \mathrm{kg/m^3}$$

再根据大气密度的指数模型可知

$$h=-\frac{1}{B}\ln\frac{\rho}{\rho_s}=-\frac{1}{1.18\times10^{-4}}\ln\frac{0.152\,7}{1.225}\ \mathrm{km}=17.85\ \mathrm{km}$$

因此,飞行器进入的最大负加速度发生的高度为 $h=17.85\ \mathrm{km}$。

(2)最大负加速度由式(5.46)确定,即

$$\left|\frac{\mathrm{d}V}{\mathrm{d}t}\right|_{\max}=\frac{V_E^2B\sin\theta}{2e}=\frac{13\,000^2\times1.18\times10^{-4}\times\sin15°}{2\times2.718\,28}\ \mathrm{m/s^2}=949.38\ \mathrm{m/s^2}$$

因为地球海平面重力加速度为 $g=9.81\ \mathrm{m/s^2}$,从而

$$\left|\frac{\mathrm{d}V}{\mathrm{d}t}\right|_{\max}=\frac{949.38}{9.81}g\approx96.8g$$

因此,飞行器的最大负加速度达到 $96.8g$,远超出人类可承受的范围。

(3)撞击地球表面的速度根据式(5.36)进行计算,即

$$V=V_E\exp\left[-\frac{1}{m/(C_DS)}\frac{1}{B\sin\theta}\frac{\rho}{2}\right]=$$

$$13\,000\times\exp\left(-\frac{1}{5\,000}\times\frac{1.225}{2\times1.18\times10^{-4}\times\sin15°}\right)=$$

$$13\,000\times e^{-4.011}=235.5\ \mathrm{m/s}$$

因此,飞行器撞击地球表面的速度约为 $235.5\ \mathrm{m/s}$。

根据以上计算结果,飞行器将以亚声速(海平面声速为 $340.9\ \mathrm{m/s}$)撞击地球表面。实际上当飞行器在进入时,特别是以脱离轨道速度进入,会产生极大的气动加热,此时,飞行器极大可能会在大气层中燃烧殆尽,如流星一般,从而不会接击地球。

5.4 气动加热

当飞行器以轨道速度进入有大气的目标星体时,由于大气受剧烈压缩,在飞行器的前面会生成激波,飞行器的进入速度越高,产生的激波越强,大气的升温效果越明显。另外由于飞行器表面与大气产生强烈摩擦,所以在边界层内,气流损失的动能转化为热能,使边界层内气流温度上升,并通过热传导对飞行器加热。气动加热会使飞行器结构刚度下降,可能造成热应力、热应变以及材料烧蚀等严重后果;同时可能引起飞行器内部温度升高,使舱内工作环境恶化,对飞行器结构设计和材料制造工艺带来巨大挑战。因此,进入探测飞行器设计的主要目标之一是保护飞行器免受严重的气动加热影响。

在飞行器进入之前,飞行器相对于目标星体的速度和位势高度都很大,从而说明飞行器具有很大的动能和势能;而在飞行器进入结束后,飞行器相对于目标星体的速度和位势高度都基本为零,此时飞行器的动能和势能也为零。根据能量不灭原理,飞行器在进入过程中损失的动能和势能全部转化为热能,其中部分进入了大气,部分通过热传导对飞行器形成了气动加热。因此对于执行进入探测任务的飞行器,针对气动加热的设计目标是使进入大气的热能达到最大,使飞行器的气动加热效果降到最小。

气动加热的定量分析涉及飞行动力学和热力学的相关知识,本书直接引用相关概念和公式。当飞行器进入有大气的目标星体,其气动热导率可表示为

$$\frac{dQ}{dt} = \frac{1}{2} C_H S \rho V^3 \tag{5.53}$$

式中:dQ/dt 为热导率;ρ 为大气密度;V 为飞行器速度;S 为飞行器参考截面积;C_H 为无量纲传热系数。

式(5.53)表明气动热导率与速度的三次方成正比,与气动阻力不同,气动阻力与速度的二次方成正比。因此,当飞行器速度非常高时,气动加热成为影响飞行器安全的主要因素,而气动阻力成为次要因素。定性分析弹道式进入热导率与高度的关系,可得到类似图 5.5 所示的曲线。在飞行器进入初期,热导率因大气密度增加而增加,当到达某个高度时,热导率达到最大;随后气动阻力导致速度迅速减小,从而热导率也随之减小,如图 5.7 所示。

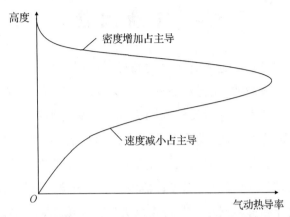

图 5.7　飞行器弹道式进入的气动热导率与高度的关系

关于气动加热,人们更关心的是总热量 Q,即从进入开始到结束飞行器受到的气动加热总热量。首先基于理论分析和实验研究,传热系数 C_H 与表面摩擦系数 C_f 都与边界层的摩擦相关,它们之间的关系可粗略估计为

$$C_H \approx \frac{1}{2}C_f \tag{5.54}$$

把式(5.54)代入式(5.53),得

$$\frac{\mathrm{d}Q}{\mathrm{d}t} = \frac{1}{2}C_H S\rho V^3 = \frac{1}{4}C_f S\rho V^3 \tag{5.55}$$

对式(5.55)等号左边进行如下数学变换:

$$\frac{\mathrm{d}Q}{\mathrm{d}t} = \frac{\mathrm{d}Q}{\mathrm{d}V}\frac{\mathrm{d}V}{\mathrm{d}t} \tag{5.56}$$

回顾弹道式进入运动方程(5.37),将其代入式(5.56),得

$$\frac{\mathrm{d}Q}{\mathrm{d}t} = \frac{\mathrm{d}Q}{\mathrm{d}V}\left(-\frac{1}{2m}C_D S\rho V^2\right) \tag{5.57}$$

结合式(5.55)和式(5.57),得

$$\frac{\mathrm{d}Q}{\mathrm{d}V}\left(-\frac{1}{2m}C_D S\rho V^2\right) = \frac{1}{4}C_f S\rho V^3 \tag{5.58}$$

化简整理,得

$$\frac{\mathrm{d}Q}{\mathrm{d}V} = -\frac{1}{2}mV\frac{C_f}{C_D} \quad \Rightarrow \quad \mathrm{d}Q = -\frac{1}{2}mV\frac{C_f}{C_D}\mathrm{d}V \tag{5.59}$$

对式(5.59)两边进行积分,得

$$\int_0^Q \mathrm{d}Q = -\frac{1}{2}\frac{C_f}{C_D}\int_{V_E}^0 mV\,\mathrm{d}V \quad \Rightarrow \quad Q = \frac{1}{2}\frac{C_f}{C_D}\left(\frac{1}{2}mV_E^2\right) \tag{5.60}$$

结论 5.5

式(5.60)表示飞行器进入的气动加热总热量,从中可以总结出两个重要的结论:一是气动加热总热量与飞行器进入前的初始动能成正比;二是气动加热总热量和表面摩擦阻力系数与气动阻力系数之比(也称为雷诺比)成正比。由于飞行器进入目标星体的初始速度由进入前的轨道决定,为了使气动加热总热量最小,需要合理设计飞行器使表面摩擦阻力系数与气动阻力系数之比使之最小。

根据飞行动力学相关知识,对于弹道式进入的飞行器来说,剖面总阻力系数 C_D 为压差阻力系数 C_p 和表面摩擦阻力系数 C_f 之和,即

$$C_D = C_p + C_f \tag{5.61}$$

现在考虑两个极端的气动构型:尖头体和钝头体。对于尖头体来说,其压差阻力系数相对较小,而表面摩擦阻力系数占主导,此时可近似认为 $C_D \approx C_f$,从而有

$$尖头体:\frac{C_f}{C_D} \approx 1 \tag{5.62}$$

而对于钝头体来说,其压差阻力系数大,表面摩擦阻力系数小,即 $C_f \ll C_p$,此时可近似认为 $C_D \approx C_p$,从而有

$$钝头体:\frac{C_f}{C_D} \approx \frac{C_f}{C_p} \ll 1 \tag{5.63}$$

结论 5.6

由此可见,要使气动加热总热量最小,飞行器必须采用钝头外形。采用钝头体外形的飞行器在进入大气时,会形成很强的弓形激波,从而形成广泛区域大气温度的升高,这些高温大气的一大部分不会与飞行器表面相遇,因此,钝头体外形飞行器在大气进入时会将其初始动能和势能的大部分用来加热空气,小部分传导至机体。

【例 5.2】 假设一个细长锥形物体和一个球形物体位于地球海平面以上 800 km 高度的圆轨道上,物体质量均为 1 800 kg。若锥形体压差阻力系数为 0.001 7,表面摩擦阻力系数为 0.01;球体压差阻力系数为 1.0,表面摩擦阻力系数为 0.001。计算并比较大气进入时这两个物体的气动加热总热量。(地球半径为 6.4×10^6 m,$k^2 = 3.986 \times 10^{14}$ m³/s²)

解 根据二体轨道的相关知识可知

$$V_E = \sqrt{\frac{k^2}{r}} = \sqrt{\frac{3.986 \times 10^{14}}{(6.4 + 0.8) \times 10^6}} \text{ m/s} = 0.789 \times 10^4 \text{ m/s}$$

从而有

$$\frac{1}{2} m V_E^2 = \frac{1}{2} \times 1\,800 \times 0.789 \times 10^4 \text{ J} = 5.60 \times 10^{10} \text{ J}$$

对于锥体

$$\frac{C_f}{C_D} = \frac{0.01}{0.01 + 0.001\,7} \approx 0.854\,7$$

对于球体

$$\frac{C_f}{C_D} = \frac{0.001}{1 + 0.001} \approx 0.999\,0 \times 10^{-3}$$

根据式(5.60)可知锥体和球体在进入大气时的气动加热总热量为

$$锥体：Q = \frac{1}{2} \frac{C_f}{C_D} \left(\frac{1}{2} m V_E^2 \right) = \frac{1}{2} \times 0.854\,7 \times 5.60 \times 10^{10} \text{ J} = 2.393\,2 \times 10^{10} \text{ J}$$

$$球体：Q = \frac{1}{2} \frac{C_f}{C_D} \left(\frac{1}{2} m V_E^2 \right) = \frac{1}{2} \times 0.999\,0 \times 10^{-3} \times 5.60 \times 10^{10} \text{ J} = 2.797\,2 \times 10^7 \text{ J}$$

比较计算结果发现，与细长锥体相比，球体的气动加热总热量更小，这与前面分析结论一致。

练 习 题

1.简述着陆探测器的进入方式。

2.飞行器进入有大气星体的两大技术问题是什么？

3.推导指数大气模型和标准大气模型。

4.推导弹道式进入的最大负加速度表达式，用进入角度和进入速度表示。

5.推导升力式进入的飞行器运动方程。

6.说明弹道参数、升力参数对飞行器进入运动的影响，并试绘制各种情况下飞行器进入的飞行轨迹示意图。

7.对于弹道式进入的飞行，为什么钝头体相对于尖头体气动加热效果更小？

第6章 深空探测器

从 1958 年美国和苏联启动探月计划开始，各国都先后开展了多种类型的深空探测活动。经过 60 多年的发展，深空探测器的身影已遍及太阳系。深空探测器按探测对象可划分为行星和行星际探测器、月球探测器、小天体探测器等。本章将对迄今为止实施的部分典型深空探测任务进行简单介绍。

6.1 太阳探测器

太阳是太阳系的中心天体，占有太阳系总体质量的 99.86％，其直径相当于地球的 109 倍，质量约为地球的 330 000 倍。

1960—1968 年间，美国先后发射了先驱者 5～9 号。先驱者 5 号原任务可能是在 1959 年前后探测金星或火星，但由于错过了发射窗口，1960 年发射的先驱者 5 号经过轨道调整之后进入了周期为 312 天的太阳环绕轨道，利用其携带的磁场探测器的返回数据，研究人员发现地球磁场的范围大约是地球半径的 14 倍；先驱者 5 号还巧遇了一场太阳耀斑爆发，后因供电系统故障失联。先驱者 6～9 号是一系列功能、任务相近的宇宙探测器，主要研究太阳风离子、电子、星际电子密度、宇宙射线、行星际磁场、太阳耀斑等。先驱者 6～9 号具有极高的可靠性，任务设计寿命为 6 个月，而实际上它们最短寿命为 15 年（先驱者 9 号于 1968 年发射，1983 年失效），特别是 1965 年发射的先驱者 6 号在 2000 年发射 35 周年时仍然成功和地面建立通信链接 2 h。

1974—1976 年，美国和德国合作发射了太阳神 1 号、2 号，是用于研究太阳活动而发射进入日心轨道的两个姊妹探测器，它们近距离观测了太阳表面及其周围空间发生的各种现象。1980 年，美国发射了一颗科学探测器，命名为 SMM(Solar Maximum Mission)，该探测器在 10 年的生命周期里共记录了不少于 12 000 次太阳耀斑以及 1 200 次日冕物质抛射。

尤里西斯号(Ulysses)是欧洲太空局(简称欧空局)与美国合作的太阳极区和恒星际环境探测器,1990年由美国发现号航天飞机发射,是人类第一次从三维立体角度探测太阳的南北极。尤利西斯号的四大任务:①太阳风和太阳磁场的三维结构情景;②太阳的日冕、耀斑、电磁辐射的成因、变换情景;③太阳系星际空间、行星际气体的空间分布情景;④太阳极区宇宙尘、伽马射线、宇宙射线、X射线、等离子体以及重力波脉冲等的成因和活动情景。通过这些研究,为爱因斯坦提出的广义相对论所预示的重力波的存在找到证据。尤利西斯号探测结果表明太阳极地磁场强度比预计的小很多,并揭示了太阳磁场方向每11年翻转一次。1991年,日、美、英三国联合研制的阳光卫星(Yohkoh)发射升空,其携带的一台监视太阳活动的X射线望远镜记录下了一个完整的太阳活动周期内的图像,测量了太阳耀斑发出的X射线和伽马射线以及耀斑爆发前的状况,并取得了一批重要的成果。美欧合作的另一颗太阳探测器SOHO(Solarand Heliospheric Observatory mission)于1995年发射,用于研究太阳内部结构以及太阳风对太阳系的影响。该探测器搭载了来自15个国家、29个不同研究机构设计研发的12种科学探测仪器,取得了许多新的发现,揭露了第一幅太阳对流区以及太阳表面下的黑子结构图像、发现了3 000颗新彗星以及日冕波等太阳活动现象。1998年,美国发射了TRACE(Transition Regionand Coronal Explorer)探测器,旨在通过探索太阳上小尺度磁场与大尺度等离子体结构之间的联系,更深入地研究太阳活动。该任务在太阳黑子活动极大年的开始阶段便加入SOHO进行互补观测。TRACE在轨服役12年,它第一次勾画了整个太阳活动周期中太阳活动的最大值和最小值。太阳探测器发射时间及其成就见表6.1。

表 6.1　太阳探测器发射时间及其成就

	探测器	发射时间(年份)	成就
美国	先驱者5~9号	1960—1968	太阳风、太阳耀斑、行星际磁场
美国、西德	太阳神1,2号	1974—1976	与太阳距离、速度记录,耐高太阳辐射
美国	SMM	1980	太阳耀斑、日冕物质抛射
美国、欧洲	尤利西斯号	1990	太阳磁场翻转、两极磁场弱
日本、美国、英国	阳光卫星	1991	太阳耀玫X射线、伽马射线
美国、欧洲	SOHO	1995	太阳内部结构、太阳活动现象
美国	TRACE	1998	太阳磁场与日冕加热之间的联系
美国	STEREO	2006	对太阳3D观测
美国	SDO	2006	对预测太阳活动对地球的影响

续　表

	探测器	发射时间(年份)	成　就
美国	帕克太阳探测器	2018	首次穿过太阳日冕
中国	羲和号	2021	中国太阳探测零的突破
中国	夸父一号	2022	全日面和近日冕无缝同时成像观测

2006 年,美国发射了 STEREO(Solar Terrestrial Relations Observatory) 探测器,用于研究日地系统的演化。它由两个几乎相同的观测器组成,部署于太阳两侧,一颗总在地球前进方向的前方,另一颗总在地球前进方向的后方,首次实现对太阳的 3D 观测,2014 年,其中一颗观测器失联。2010 年,美国发射了 SDO(Solar Dynamics Observatory)探测器,并携带了日震与磁成像仪、极紫外线变化实验仪、大气成像组件三项科学仪器,成功预测了太阳活动对地球的影响。2018 年,美国发射了帕克太阳探测器,它可承受高达 1 377 ℃的炽热和辐射,在最靠近太阳的地方以 7.2×10^5 km/h 的速度飞行,是首项将穿越日冕的太阳观测任务。

1960—2020 年,对于太阳的科学探测任务以美国为主导,取得了一大批重要的成果,为人类深入了解太阳做出了重要贡献。相比之下,我国在太阳探测方面起步较晚,2021 年 10 月 14 日 18 时 51 分,中国在太原卫星发射中心采用长征二号丁运载火箭,成功发射首颗太阳探测科学技术试验卫星羲和号,实现中国太阳探测零的突破。2022 年 10 月 9 日 7 时 43 分,中国在酒泉卫星发射中心使用长征二号丁运载火箭,成功将夸父一号先进天基太阳天文台卫星发射升空,卫星进入预定轨道,该任务的目标是观测和研究太阳磁场、太阳耀斑和日冕物质抛射的起源及三者之间可能存在的因果关系。2022 年 11 月 21 日下午,夸父一号卫星硬 X 射线成像仪首张科学图像在中国科学院紫金山天文台发布。这是中国首次获得太阳硬 X 射线图像,也是国际上地球视角仅有的太阳硬 X 射线图像,图像质量达国际先进水平。

6.2　水星探测器

水星是距离太阳最近的行星,也是太阳系里最小的行星,其半径约为 2 439.7 km,仅仅是月球的 1.5 倍。相较于太阳系其他行星,对水星的探测次数较少,主要原因在于太阳系向内探测比向外探测所需的能量要大很多。我们知道地球公转速度大约为 29.8 km/s,从地球上发射的探测器相对太阳天然具有这一速度。如果需要飞行器向太阳系内层探测,最简单的方案是把探测器相对太阳的速度减小到 0,利用太阳引力将探测器吸引至太阳系内层,而将探测器相对太阳的速度从 29.8 km/s 减小到 0 需要消耗大量能量。因此,太阳系内层行星探测通常都会经过多次引力辅助达到节省能量的目的。

1973 年,美国国家航空航天局(National Aeronautics and Space Administration,NASA)发射了第一颗水星探测器——水手 10 号(Mariner 10),它也是水手计划的最后一颗探测器,该探测器实际上是水星、金星的双星探测器。1974 年,水手 10 号通过飞掠方式获取了大量水星的近距观测图片,涵盖了约一半的水星表面积,并发现水星上存在磁场,而理论上水星是不太可能存在磁场的。尽管水星磁场只有地球的 1/100,但这足以引起科学家的浓厚兴趣。于是,2004 年,NASA 发射了第二颗水星探测器——信使号(Mercury Surface,Space Environment,Geochemistry and Ranging,MESSENGER),受成本限制,信使号经过多次引力辅助飞行(飞掠地球 1 次,飞掠金星 2 次,飞掠水星 3 次),2011 年终于成功进入水星环绕轨道,成为首颗围绕水星运行的探测器。信使号解开了水星的众多谜团,2015 年通过硬着陆方式以 3.9 km/s 的速度撞击水星,在水星北极附近留下一个直径约 15 m 的撞击坑。

图 6.1　水手 10 号(图片来自网络)

2018 年 10 月 20 日,人类最新的水星探测器——皮可伦坡号(Bepi Colombo)踏上征程,该探测器由日、欧合作进行,计划通过 1 次飞掠地球、2 次飞掠金星、6 次飞掠水星的方式,借助引力弹弓效应大量节省燃料,最终在 2025 年被水星引力所捕获,进入绕水星轨道,这将是第二颗能够实现环绕水星飞行的探测器。

6.3 金星探测器

在地球上看,金星是除了太阳与月亮以外最亮的一颗星体,也是除水星以外的另一颗太阳系内层行星。金星比地球略微小一些,直径大约是地球的0.95倍,但大气压强大约为 90 个地球标准大气压。金星上的稠密大气产生了温室效应,虽然金星与太阳的距离比水星与太阳的距离大两倍,但金星表面温度比水星要高。相较于水星探测,金星探测次数要多得多。自 20 世纪 60 年代初以来,在冷战竞争的推动下,苏联、美国、欧洲和日本发射了多个金星探测器,部分典型探测器见表 6.2,几乎涵盖了除星表巡视探测以外的所有探测方式。

表 6.2 金星探测器发射时间及其任务结果

	探测器	发射时间(年份)	探测方式	任务结果
苏联	金星 1 号	1961	飞掠	通信中断,任务失败
苏联	金星 2 号	1965	飞掠	飞掠成功,通信损毁
苏联	金星 3 号	1965	硬着陆	着陆成功,通信损毁
苏联	金星 4 号	1967	硬着陆	着陆成功,传回部分数据
苏联	金星 5 号	1969	硬着陆	着陆成功,传回部分数据
苏联	金星 6 号	1969	硬着陆	着陆成功,传回部分数据
苏联	金星 7 号	1970	软着陆	硬着陆,传回气压温度
苏联	金星 8 号	1972	软着陆	着陆成功,传回部分数据
苏联	金星 9 号	1975	环绕、软着陆	任务成功,传回数据
苏联	金星 10 号	1975	环绕、软着陆	任务成功,传回数据
苏联	金星 11 号	1978	飞掠、软着陆	着陆成功,相机故障
苏联	金星 12 号	1978	飞掠、软着陆	着陆成功,相机故障
苏联	金星 13 号	1981	飞掠、软着陆	任务成功,传回数据
苏联	金星 14 号	1981	飞掠、软着陆	任务成功,传回数据
苏联	金星 15 号	1983	环绕	任务成功,传回数据
苏联	金星 16 号	1983	环绕	任务成功,传回数据
苏联	金星哈雷 1 号	1984	飞掠、软着陆、气球	任务成功,传回数据
苏联	金星哈雷 2 号	1984	飞掠、软着陆、气球	任务成功,传回数据
美国	水手 1 号	1962	飞掠	任务失败

续表

	探测器	发射时间(年份)	探测方式	任务结果
美国	水手 2 号	1962	飞掠	任务成功,传回数据
美国	水手 5 号	1967	飞掠	任务成功,传回数据
美国	水手 10 号	1973	飞掠	任务成功,传回数据
美国	先驱者金星 1 号	1978	环绕	任务成功,传回数据
美国	先驱者金星 2 号	1978	环绕、硬着陆	任务成功,传回数据
美国	麦哲伦号	1989	环绕	任务成功,成果丰硕
欧洲	金星快车	2005	环绕	任务成功,成果丰硕
日本	拂晓号	2010	环绕	入轨延迟 5 年,返回部分数据

苏联是发射金星探测器最多的国家,表 6.2 中仅列举了苏联金星系列探测器,此外苏联还发射了斯普特尼克系列和宇宙系列金星探测器,但这些探测器大都未能脱离地球轨道而导致任务失败。在 20 世纪初,天文学家估计金星的大气压强在 5～300 个地球标准大气压之间,温度约为267～480 ℃,并且金星表面可能存在液态海洋。基于这些观点,早期的金星探测器通常设计为承受 18 倍地球大气压以及400 ℃的温度,并且可以漂浮。金星 1 号和金星 2 号均因通信中断未能传回金星数据,而由于金星高压和高温环境,金星 3～6 号都在进入金星大气层后迅速失联,在意识到金星环境远比想象的恶劣这一事实后,从金星 7 号开始,着陆器改进了设计以适应金星表面恶劣环境,但由于软着陆降落伞破裂,金星 7 号实际上是以硬着陆的方式撞击到金星表面的,通信在撞击后维持了 20 多分钟,返回的数据显示金星地表温度为475 ℃,压力为 92 个标准地球大气压。金星 7 号也是第一个传回金星内部数据的探测器。金星 8 号成功实施金星软着陆,传回 50 多分钟的数据,其中降落后的数据仅 11 s。金星 9 号和 10 号都包括一个轨道器和一个着陆器,着陆器在软着陆成功后正常工作 1 h 左右,并通过轨道器作为中继传送了金星表面的图像,任务取得圆满成功。在前面几次金星探测器成功着陆后,苏联在 1978 年连接发射了金星 11 号和金星 12 号,但在进入金星大气层后都出现了相机故障而没有传回任何图像。经过改进,苏联在 1981 年发射了金星 13 号和金星 14 号探测器,金星 13 号成功传回多张彩色图像,证实了金星上有硫酸雨的现象,而金星 14 号由于相机位置问题只拍到周围地面图像。由于探测器无法在金星恶劣的环境下长时间运行,1983 年,苏联发射了金星 15 号和 16 号,均以环绕方式对金星表面进行扫描

观测。这两个探测器基本相同,是第一次使用合成孔径雷达对另一颗行星成像的探测器,在 8 个月的测绘工作中,这两个探测器一起对金星北极到北纬30°的部分区域进行了成像。金星哈雷 1 号与 2 号是两个完全相同的航天器,分别于 1984 年 12 月 15 日和 21 日发射升空,它们的着陆器在进入进行大气层后,部署一个恒压气球浮空器,高度约 54 km,从而测量金星大气动力学、气压、温度、闪电、照明度和云层性质等。

美国是发射金星探测器数量第二多的国家,除水手 1 号因发生故障被摧毁外,其他探测任务均成功实施。相较于苏联,美国的金星探测任务主要以飞掠探测为主,其中水手 2 号从距金星 34 800 km 处飞过,探测了金星的大气温度,成为人类第一个成功接近其他行星的空间探测器。水手 5 号原本是水手 4 号(任务目标:火星)的备份探测器,因为水手 4 号成功完成任务,水手 5 号目标更改为金星,并从距离金星约 4 000 km 处飞掠,传回大量更加丰富详细的数据。水手 10 号在上一节中提到,它是人类设计的首个执行水星、金星双行星探测任务的飞行器,也是美国水手计划中的最后一个探测器,水手 10 号成功飞掠了金星,获得了金星云系循环的证据,并在金星上发现了非常微弱的磁场。1978 年,为了对金星大气层进行全面调查,美国发射了先驱者金星 1 号探测器对金星进行环绕探测,探测器携带了 17 台科学探测仪器,任务设计在轨运行一年,实际上该探测器直至 1992 年进入金星大气解体前,大多数科学探测仪器仍在正常运行。作为美国先驱者金星项目的另一个探测器,先驱者金星 2 号携带着一个大的和三个小的探测器,它们分离后从不同的位置穿透金星大气层,在下降过程中返回大气、云层、磁场等各方面的数据。

虽然先驱者金星探测计划以及苏联的金星 15 号、16 号对金星进行了深入的探测,并用雷达对其表面进行了成像,使人类基本了解了金星的大气和大尺度地表特征。然而,关于金星表面在多大程度上是由火山、板块构造、撞击坑以及水和风蚀形成的,还有许多问题没有得到解答。1989 年,美国利用亚特兰蒂斯号航天飞机发射了麦哲伦号金星探测器,其携带先进的合成孔径雷达,主要作用是成像,但也进行辐射测量等,分辨率约为 100 m,比以前探测器观测金星表面的分辨率高出近 10 倍,测绘覆盖率达到了金星的 98%,发现至少 85% 的金星表面覆盖着火山流,并得到金星是太阳系中最像地球的行星的结论。1994 年,麦哲伦号进入火星大气层(见图 6.2)。

金星快车是欧洲首个金星探测器,该项目于 2001 年提出,于 2005 年 11 月

9 日自哈萨克斯坦境内的拜科努尔发射场搭乘"联盟"运载火箭升空,研发工作仅耗时 4 年。该探测器的主要任务是对金星大气进行全面研究,并考察等离子体环境以及高层大气与太阳风之间的相互作用。2007 年,科学杂志《自然》发表了一系列论文,发现了金星过去存在海洋的证据,证实了金星上存在闪电,而且它在金星上比在地球上更常见。它还报道了在金星南极存在一个巨大的双大气涡旋的发现。金星快车于 2015 年彻底失联。拂晓号由日本宇宙航空研究开发机构和日本三菱重工业公司联合研制,是日本的首个金星探测器,于 2010 年发射,但由于发动机故障,没有顺利进入金星轨道。后经多次轨道修复,于超期服役一年之久的 2015 年最终进入金星轨道。

图 6.2   麦哲伦号(图片来自网络)

2021 年 8 月俄罗斯公布了未来 10 年的太空探索计划,其中包括重新向金星发射探测器的项目,在这项计划中的探测器将在金星表面采集土壤样本并带回地球,整个计划大约在 2027—2029 年间进行。由于目前俄乌冲突等事件,该计划极有可能被取消或推迟。

6.4   火星探测器

火星是太阳系中仅次于水星的第二小的行星,它距离地球较近、自然环境与地球最为类似,因此一直是人类走出地月系统开展深空探测的首选目标。火星探测历程可分为三个阶段:第一阶段为 1960—1975 年,以美苏冷战为背景,共实施了 24 次任务;第二阶段为 1976—1990 年,该阶段是火星探测的低潮期,仅实施两次任务;第三阶段是 1991 年至今,以发展新技术和获得科学发现为主要驱动力,目前共实施了 23 次任务。

1960—1962 年,苏联先后向火星发射了火星 1A 号、火星 1B 号、斯普特尼克 22 号、火星 1 号、斯普特尼克 24 号,均以失败告终。1964 年,苏联发射了探测器 2 号火星飞掠器,但由于其中一块太阳能电池板展开故障,错过了第一次计划中的轨道修正,最终失联。1965 年,发射的探测器 3 号是一个月球、火星联合探测器,探测器成功飞掠月球并获得大量月球图片,在飞行 228 天后定期通信中断。1969 年,苏联先后发射了火星 1969A 和 1969B,两次均在发射阶段出现故障导致任务失败。1971 年,宇宙 419 号火星轨道环绕器发射成功,进入预定地球停泊轨道,但由于点火计时器设置不当,轨道逐渐衰减,最终进入地球大气层,任务失败。1971 年,苏联先后发射了火星 2 号和火星 3 号探测器,它们都包含一个轨道器和一个着陆器,两次任务轨道器均最终实现火星环绕,但未能进入预定环绕轨道;火星 2 号着陆器下降系统出现故障,最终坠毁,火星 3 号着陆器成功实现火星软着陆,然而工作 20 s 后失联。1973 年,苏联先后发射了火星 4~7 号,前两次任务以环绕探测为主要目的,但火星 4 号未能进入环绕轨道,飞掠火星后进入日心轨道,火星 5 号成功进入火星环绕轨道,但 9 天后停止工作;后两次任务均包含一个轨道器和一个着陆器,轨道器以飞掠方式均取得成功,但火星 6 号的着陆器在接近火星地面前失联,而火星 7 号着陆器由于过早分离,错过了火星进入日心轨道。尽管在火星探测第一阶段苏联的探测任务多以失败告终,但仍然取得了包括运载火箭发射、轨道转移、软着陆等方面的宝贵经验。

1964 年,美国先后发射水手 3 号、水手 4 号火星探测器,水手 3 号由于防护罩未能弹出,导致探测器未能进入火星转移轨道;火星 4 号任务成功实施,收集了人类对火星的第一张特写照片,是历史上第一个成功到达火星并返回数据的探测器,与地面的通信直至 1967 年年底,之后该任务圆满结束。1971 年,美国先后发射了水手 8 号、水手 9 号火星探测器,原计划两个探测器在火星环绕轨道执行互补任务,但水手 8 号发射过程中发生故障导致任务失败,而水手 9 号则成功进入火星环绕轨道,它比火星 2 号更先入轨,是第一个环绕火星飞行的探测器。1975 年,美国先后发射海盗 1 号(Viking 1)、海盗 2 号(Viking 2)火星探测器,它们都由一个轨道器和一个着陆器组成,其中轨道器对火星进行环绕探测并选定着陆器着陆地点,着陆器以软着陆的方式到达火星,并收集火星上可能存在生命的证据。海盗1号和海盗2号均取得圆满成功,也为火星探测第一阶段画上了完满的句号,此后,火星探测进入沉寂期。

表6.3列出了1960—1975年部分火星探测器发射时间及其任务结果。

表6.3 火星探测器发射时间及其任务结果(1960—1975年)

	探测器	发射时间	探测方式	任务结果
苏联	火星1A号	1960 - 10 - 10	飞掠	未进入地球停泊轨道
苏联	火星1B号	1960 - 10 - 14	飞掠	未进入地球停泊轨道
苏联	斯普特尼克22号	1962 - 10 - 24	飞掠	地球停泊轨道上解体
苏联	火星1号	1962 - 11 - 01	飞掠	进入星际空间通信中断
苏联	斯普特尼克24号	1962 - 11 - 04	飞掠、软着陆	地球停泊轨道上解体
苏联	探测器2号	1964 - 11 - 30	撞击火星	轨道修正延迟,最终失联
苏联	探测器3号	1965 - 07 - 18	撞击火星	飞掠火星前失联
苏联	火星1969A	1969 - 03 - 27	环绕	发射失败
苏联	火星1969B	1969 - 04 - 02	环绕	发射失败
苏联	宇宙419号	1971 - 05 - 10	环绕	失败
苏联	火星2号	1971 - 05 - 19	环绕、软着陆	环绕成功,着陆器坠毁
苏联	火星3号	1971 - 05 - 28	环绕、软着陆	环绕成功,着陆成功后失联
苏联	火星4号	1973 - 07 - 21	环绕	飞掠火星,返回部分数据
苏联	火星5号	1973 - 07 - 25	环绕	成功环绕,9天后停止工作
苏联	火星6号	1973 - 08 - 05	飞掠、软着陆	飞掠成功,着陆器失联
苏联	火星7号	1973 - 08 - 09	飞掠、软着陆	飞掠成功,着陆器飞掠
美国	水手3号	1964 - 11 - 05	飞掠	失败,未进入火星转移轨道
美国	水手4号	1964 - 11 - 28	飞掠	成功,返回火星第一张照片
美国	水手8号	1971 - 05 - 09	环绕	发射失败
美国	水手9号	1971 - 05 - 30	环绕	任务成功
美国	海盗1号	1975 - 08 - 20	环绕、软着陆	任务成功
美国	海盗2号	1975 - 09 - 09	环绕、软着陆	任务成功

苏联在 20 世纪 70 年代的金星探索中取得了成功,也渐渐从之前火星探测任务的失败中恢复过来。1988 年,苏联把目光转向了火星的卫星探测,先后发射了火卫一 1 号和火卫一 2 号,计划中它们将抵达火星附近,主探测器环绕火星进行探测,而着陆器将登陆火卫一,研究火星卫星火卫一的表面组成。但火卫一 1 号由于软件错误导致探测器失去了对太阳的锁定,最终因电量耗尽,在飞行不到两个月后失联;火卫一 2 号成功接近了火卫一,但在距离火卫一表面 50 m 以内释放两个着陆器时突然失联,任务被迫结束。

20 世纪 90 年代以来,美国成功实施了多次火星探测任务,期间俄罗斯、日本、欧洲、印度、阿联酋等都实施了火星探测任务,特别是进入 21 世纪以来成功实施的火星探测任务,取得了十分丰富的科学成果,大大加深了人们对火星的认识。

美国于 2001 年 4 月 7 日用德尔塔-2 火箭从卡纳维拉尔角发射了奥德赛号火星探测器,并于 2001 年 10 月 24 日世界时间 2 点 30 分进入火星轨道。2003 年 6 月 2 日,欧洲发射火星快车号探测器,于 2003 年 12 月 25 日成功进入环绕火星轨道。2003 年美国实施"火星探测漫游者"计划,先后将勇气号(Spirit,2003 年 6 月 10 日发射升空,2004 年 1 月 3 日在火星表面成功着陆)和机遇号(Opportunity,2003 年 7 月 7 日发射升空,2004 年 1 月 25 日成功着陆火星)两部火星车送往火星。2005 年 8 月 12 日美国成功发射火星侦察轨道器,于 2006 年 3 月 10 日进入火星轨道。2007 年 8 月 4 日,美国成功发射凤凰号火星探测器,于 2008 年 5 月 25 日在火星北极成功着陆。2011 年 11 月 9 日,中国研制的首个火星探测器萤火一号同俄罗斯福布斯-土壤号探测器于哈萨克斯坦境内的拜科努尔发射场搭乘俄运载火箭发射升空,由于搭载的俄罗斯福布斯-土壤火星探测器出现故障,萤火一号未能进入预定轨道。2011 年 11 月 26 日,美国好奇号火星探测器成功发射,并于 2012 年 8 月 6 日成功登陆火星。2013 年 11 月,印度和美国先后发射了曼加里安号和火星大气探测器,并于 2014 年 9 月先后成功进入火星轨道。2018 年 5 月 5 日,美国洞察号火星探测器从加州范登保空军基地 3 号发射台发射升空,并于 2018 年 11 月 26 日成功着陆火星。2020 年 7 月 30 日,美国毅力号火星车从佛罗里达州卡纳维拉尔角空军基地发射升空,并于 2021 年 2 月 19 日安全着陆火星。图 6.3 所示为美国典型火星车图片。

图 6.3 美国典型火星车(图片来自网络)

(a)勇气号(2004 年);(b)好奇号(2012 年);(c)洞察号(2018 年);(d)毅力号(2021 年)

　　我国首次火星探测任务于 2016 年正式批复立项,计划通过一次任务实现火星环绕、着陆和巡视,对火星进行全球性、综合性的环绕探测,在火星表面开展区域巡视探测。天问一号(Tianwen 1)探测器由环绕器和着陆巡视器组成,着陆巡视器包括祝融号火星车及进入舱。天问一号探测器于 2020 年 7 月 23日在海南文昌由长征五号运载火箭成功发射,2021 年 2 月 10 日成功实施火星捕获,成为我国第一颗人造火星卫星,2 月 24 日探测器进入火星停泊轨道,开展了为期约 3 个月的环绕探测,为顺利着陆火星奠定了基础。5 月 15 日 7 时18 分,天问一号着陆巡视器成功着陆于火星乌托邦平原南部预选着陆区,我国首次火星探测任务着陆火星取得圆满成功。这是我国首次实现地外行星着陆,标志着我国成为第二个成功着陆火星的国家。图 6.4 所示为中国天问一号祝融火星车图片。

图 6.4　中国天问一号祝融火星车(图片来自网络)

6.5　木星探测器

木星是太阳系中质量最大的行星,直径大约为地球的 11 倍,其质量比其他所有行星质量和的两倍还多,大约为地球的 318 倍。木星是一颗气态行星,表面最具标志性的特征就是大红斑,它是一场比地球还要大的巨大风暴,已经肆虐了数百年。木星外表的条纹和漩涡实际上是由氨和水组成的冷云,漂浮在氢和氦的大气中。木星周围有几十颗天然卫星,其中四颗比较大的分别命名为木卫一、木卫二、木卫三和木卫四,这四颗卫星被称为伽利略卫星,其中木卫二(欧罗巴)被认为有可能存在生命。

木星的探测主要以美国为主。1972 年,美国实施了先驱者 10 号任务,这项任务取得了惊人的成功,它是首个飞掠火星、飞掠小行星带、飞掠木星、飞掠海王星的探测器,2003 年最后一次向地球发送信号,目前先驱者 10 号依靠惯性正朝着金牛座的毕宿五方向前进。先驱者 11 号于 1973 年发射,它是第一个被设计用于探索外太阳系的探测器,用于研究小行星带、木星和土星周围的环境、太阳风、宇宙射线,最终探索太阳系和日光层的边沿。由于功率限制和探测器过于遥远,所以在 1995 年 9 月 30 日最后一次与探测器联系后就失联了。1989 年,美国利用亚特兰蒂斯号航天飞机发射了伽利略号深空探测器,目标是环绕研究木星系统。1995 年年底,伽利略号成功抵达木星系统并进入木星环绕轨道(见图6.5)。伽利略号轨道飞行器携带了10个科学仪器以及1个直接释放到木星大气层中的下降探测器,向地球连续发回了各种宝贵的探测数据,其轨道器于2003年9月21日坠入木星大气。此外,美国于1977年发射的深空探测器旅行者1号、2号,1990年发射的太阳探测器尤利西斯号,以及1997年发射的土星探测器卡西尼号也都曾成功飞掠木星。这几次任务都是非常经典的深空探测任务,但由于其主任务不是木星探测,这里不再赘述。表6.4列出了部分木星探测器发射时间及其任务结果。

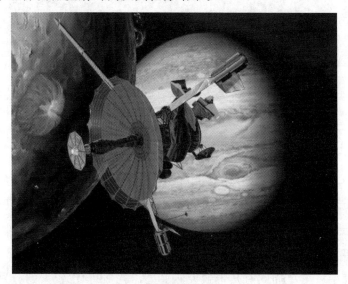

图 6.5　伽利略号(图片来自网络)

表 6.4　木星探测器发射时间及其任务结果

	探测器	发射时间	探测方式	任务结果
美国	先驱者 10 号	1972 - 03 - 02	飞掠	成功,一系列首创
美国	先驱者 11 号	1973 - 04 - 06	飞掠	成功,返回火星第一张照片
美国	伽利略号	1989 - 10 - 18	环绕	成功,返回大量数据
美国	新视野号	2006 - 01 - 19	飞掠	成功,飞掠冥王星
美国	朱诺号	2011 - 08 - 05	环绕	成功,极轨道,强磁场
欧洲	木星冰月探测器	2023 - 04 - 14	环绕	发射成功,任务执行中
美国	欧罗巴快船	2024(预计)	飞掠欧罗巴	任务计划中

2006 年,美国发射了新视野号探测器,它是 NASA 新疆界(New Frontiers)系列项目的第一次发射任务。2007 年,新视野号探测器开始木星探测,探测器观测了木卫十七,并成功飞掠木星,之后结束了对木星的探测进入休眠状态。2014 年新视野号探测器被成功唤醒,并于 2015 年飞掠冥王星,成为了第一个飞掠冥王星的探测器,传回了大量的冥王星及其卫星卡戎的图像及数据。新疆界第二个项目是 2011 年发射的朱诺号(Juno)木星探测器(见图 6.6),该探测器于 2016 年 7 月 4 日成功进入木星轨道,成为自伽利略号探测器之后 13 年来首颗环绕木星的探测器,也是第一颗进入外层太阳系气态巨行星两极轨道的航天器。朱诺号探测到了木星具有超强磁场,比地球磁场强 10 倍,并观察到了木星的极光以及两极的风暴团。2021 年 7 月 30 日,朱诺号降低轨道并进入木星大气烧毁。新疆界第三个项目不涉及木星,是 2016 年发射的小行星采样返回探测器,如今已成功采样并踏上返回之旅,预计 2023 年 9 月 24 日返回。2019 年,NASA 宣布第四次新疆界计划的目标将是探测土卫六(泰坦),相关探测任务目前未见报道。

图 6.6 朱诺号(图片来自网络)

2023 年 4 月 14 日,欧空局发射了木星冰月探测器(Jupiter Icy Moons Explorer,JUICE),其任务旨在对木星及其三个冰卫星——木卫三、木卫四和木卫二进行详细观测与研究。该探测器将在经过 4 次引力辅助和 8 年的飞行后,于 2031年 7 月到达木星。2034 年 12 月,该航天器将进入环绕木卫三的轨道执行特写科学任务,成为第一个绕地外行星的卫星运行的航天器。欧罗巴快船是美国下一代的木星探测器,其最核心的任务是研究木卫二欧罗巴,由于木星强大的磁场影响,欧罗巴快船计划采取 45 次椭圆轨道飞掠欧罗巴,该计划预计 2024 年实施。

6.6 土星探测器

土星是太阳系的第二大行星,具有壮观的光环,被 60 多颗已知天然卫星环绕,直径是地球的 9.5 倍,质量是地球的 95 倍。从地球到土星的距离达 30 亿千米,因此到达这颗行星的探测器也是屈指可数。

6.5 节中提到的先驱者 11 号,在完成木星探索以后,利用木星强大的引力辅助改变自身轨道,飞向了土星,并于 1979 年飞掠土星。先驱者 11 号被设定飞过土星的光环,其轨道与即将到达的旅行者一样(当时旅行者 1 号及旅行者 2 号已飞掠木星,朝向土星进发),用以测试旅行者探测器的轨道。

旅行者 1 号、2 号是 1977 年(旅行者 2 号发射时间稍早于旅行者 1 号)美国发射的星际深空探测器,其中旅行者 1 号于 1977 年 9 月 5 日发射,最初被规划为水手计划中的水手 11 号,由于预算削减,此次任务缩减为仅飞掠木星和土星,并重新命名为水手号木星-土星探测器。随着项目的进展,探测器的任务设计与之前的水手号有很大的不同,因此后来更名为旅行者 1 号。旅行者 1 号于 1979 年 11 月到达了土星系统,拍摄了土卫一(Mimas)、土卫二(Enceladus)、土卫三(Tethys)、土卫四(Dione)、土卫五(Rhea)、土卫六(Titan)的照片,其中最引人注目的是土卫六,它是太阳系中唯一拥有稠密大气的卫星,科学家们猜测土卫六上可能存在生命,这也是美国第四次新疆界计划把它设为探测目标的主要原因。在 1980 年 11 月 20 日完成其土星飞掠任务后,旅行者 1 号开始了一项拓展任务:探索日球层顶的区域和边界。2012 年 8 月 25 日,旅行者 1 号穿越了日球层顶,成为第一个进入星际空间并研究星际介质的航天器,旅行者 1 号的拓展任务预计将持续到 2025 年左右,目前旅行者 1 号已经运行了 45 年,仍与深空网络进行通信、接收命令并返回数据。截至 2023 年 4 月 27 日 10 时,它与太阳的距离为 159.766 770 42 AU,是离地球最远的航天器,旅行者 1 号和它的姊妹探测器旅行者 2 号也是人类历史上飞行时间最长的航天器。旅行者 2

号发射于 1977 年 8 月 20 日,是从地球发射的探测器中最多产的一个。与旅行者 1 号类似,旅行者 2 号最初计划属于水手计划里的水手 12 号航天器,后来更名为旅行者 2 号,它的轨道保持在黄道面中,于 1981 年通过土星引力辅助加速飞往天王星和海王星,成为人类第一个造访天王星和海王星的探测器。截至 2023 年 4 月 27 日 10 时,旅行者 2 号正处于离地球 133.002 178 28 AU 的位置。图 6.7 所示为旅行者号。

图 6.7 旅行者号(图片来自网络)

卡西尼惠更斯号(Cassini-Huygens Space Probe)是 NASA、欧空局以及意大利航天局的一个合作项目,该项目由两部分组成,卡西尼号轨道器会环绕土星及其卫星进行探测,而惠更斯号探测器则会深入土卫六浓雾包围的大气层并在其表面着陆。1997 年 10 月 15 日,卡西尼惠更斯号从肯尼迪航天中心发射升空,通过飞掠金星(两次)、地球、木星获得引力辅助加速,最终于 2004 年 7 月 1 日进入环绕土星轨道,并于 1 天后首次飞掠土卫六。2004 年 12 月 25 日,惠更斯号与卡西尼号分离。卡西尼号的任务之一就是对土星的光环进行探测,计划穿越土星光环两次,同时多次飞掠土星的多颗卫星,被认为是迄今实施的最为复杂的行星际探测计划。卡西尼号在 7 年飞行过程中定位精准,所进入的土星轨道非常接近原计划轨道,环绕土星运行 76 周,52 次近距离飞掠土星的 7 颗卫星,取得了大量观测数据。2017 年 9 月 15 日,卡西尼号土星探测器燃料将尽,科学家控制其向土星坠毁,卡西尼号的任务至此结束。惠更斯号在与卡西尼号分离后,于 2005 年 1 月 14 日穿过土卫六外围大气层,展开降落伞,在土卫六的表面成功实现软着陆。惠更斯号在降落过程中对土卫六进行了两个多小时的科学探索,并将探测结果通过卡西尼号传回地球(部分),因为自身携带的能源有限,惠更斯号登陆器在登陆后约 90 min 就结束了自己的探测使命,静静地、永远地留在了土卫六的表面。惠更斯号探测器是首个在月球以外的一颗天然卫星上登陆的人造探测器。图 6.8 所示为卡西尼惠更斯号。

图 6.8　卡西尼惠更斯号(图片来自网络)

参考文献

[1] 安德森. 空天飞行导论:第 7 版[M]. 张为华,李健,向敏,译. 北京:国防工业出版社,2014.

[2] 方群,李新国,朱战霞,等. 航天飞行动力学[M]. 西安:西北工业大学出版社,2015.

[3] 赵育善,师鹏,张晨. 深空飞行动力学[M]. 北京:中国宇航出版社,2016.

[4] 宝音贺西,李京阳. 载人登月轨道研究综述[J]. 力学与实践,2015,37(6):665-673.